新工科建设·电子信息类精品教材

U0192617

数字图像处理与 Python 实现

赵彦玲　马　宾　吴晓明　主　编

刘广起　李　娜　郝慧娟　副主编

电子工业出版社

Publishing House of Electronics Industry

北京·BEIJING

内 容 简 介

本书内容分为三部分：第一部分为数字图像处理基础，包括第 1 章到第 3 章的内容，涵盖绪论、数字图像处理基础及 Python 图像处理基础，介绍数字图像处理技术的发展现状和基础知识；第二部分为数字图像处理技术，包括第 4 章到第 8 章的内容，涵盖图像变换、图像增强、图像形态学处理、图像分割及图像压缩，介绍数字图像处理技术的核心内容；第三部分为数字图像处理技术的应用，包括第 9 章到第 11 章的内容，涵盖数字水印、指纹识别及病理图像处理，介绍数字图像处理技术的应用现状和发展趋势。

本书可供电子信息工程、通信工程、电子科学与技术、计算机科学与技术、生物医学工程等专业的学生使用，也可作为工程技术人员或其他相关人员的参考书。

图书在版编目（CIP）数据

数字图像处理与 Python 实现 / 赵彦玲，马宾，吴晓明主编. —北京：电子工业出版社，2023.12

ISBN 978-7-121-46742-4

Ⅰ. ①数… Ⅱ. ①赵… ②马… ③吴… Ⅲ. ①数字图像处理 ②软件工具－程序设计 Ⅳ. ①TN911.73 ②TP311.561

中国国家版本馆 CIP 数据核字（2023）第 225691 号

责任编辑：杜　军

印　　刷：三河市双峰印刷装订有限公司
装　　订：三河市双峰印刷装订有限公司
出版发行：电子工业出版社
　　　　　北京市海淀区万寿路 173 信箱　　　邮编：100036
开　　本：787×1092　1/16　　印张：13.25　　字数：357 千字
版　　次：2023 年 12 月第 1 版
印　　次：2024 年 8 月第 2 次印刷
定　　价：45.00 元

前　言

图像凭借其在信息表达过程中的直观性、准确性和特殊性，在社会经济生活、军事安全等领域发挥的作用越来越明显。数字图像处理萌芽于 20 世纪 20 年代，当时利用海底电缆从英国伦敦向美国纽约传输了一张照片，首次实现了报纸行业数字图像的传输，将图像传输时间由 7 天缩短为 3 小时。

数字图像处理技术的诞生与发展与计算机技术紧密相关。20 世纪 50 年代，大型数字计算机技术的发展，使得人们开始利用计算机来处理图形和图像信息。此后图像处理主要以改善图像的视觉效果和质量为目的，常用的图像处理方法有图像增强、图像复原、图像编码、图像压缩等。

数字图像处理技术的诞生与发展主要受以下因素影响：一是计算机技术自身的发展；二是数学学科的发展（尤其是离散数学理论的发展）；三是航空、航天、环境、军事、公安、工业、医学、日常生活等领域对数字图像信息应用需求的不断增长。目前，数字图像处理技术已经成为人们获取信息与利用信息的重要方式和手段，在近年来得到了迅速的发展，并成为计算机科学、医学、生物学、信息科学等学科学习和研究的对象。

本书的编写以"新工科"建设为背景，贯彻执行"以学生为本"的教学理念，本书主要特点如下。

（1）内容系统性强、逻辑清晰：本书内容主要包括三部分，即数字图像处理基础、数字图像处理技术及数字图像处理技术的应用。其中，数字图像处理基础部分主要介绍图像及其数字化、数字图像显示、图像处理平台工具等；数字图像处理技术部分主要包括图像变换、图像增强、图像形态学处理、图像分割、图像压缩等内容；数字图像处理技术的应用主要包括数字水印、指纹识别、病理图像处理等典型应用。

（2）注重工程实践能力培养：本书坚持成果导向教育（Outcome Based Education，OBE）的工程教育理念，围绕经济社会技术发展和市场需求的主线，注重"科教产"资源融合，拆解相关的科研和产业项目形成教学内容或习题，帮助学生理解与吸收知识点，满足不同读者在学术、市场、技术上的应用需求。

（3）注重"前沿"和"实用"并举的选择标准：兼顾读者群体的知识、能力和素养全面发展，本书在第三部分数字图像处理技术的应用中，选择较为成熟的、层次完整的应用作为教学内容，如数字水印、指纹识别、病理图像处理等，详细介绍每个典型领域应用、实现及发展现状，让读者在掌握数字图像处理技术应用的同时，体会国家相关科学技术的迅速发展，贯彻立德树人的根本任务。

本书充分体现应用型本科教育特点，旨在提高读者发现问题、分析问题、解决问题的能力，可供电子信息工程、通信工程、电子科学与技术、计算机科学与技术、生物医学工程等专业的学生使用，也可作为工程技术人员或其他相关人员的参考书。

由于编者水平有限，本书中难免有疏漏之处，恳请读者批评指正，提出宝贵的意见和建议。

目　　录

第1章 绪　　论

1.1　数字图像处理简介

数字图像处理（Digital Image Processing）又称为计算机图像处理，是一种将图像信号数字化后利用计算机进行处理的过程。随着计算机科学、电子学和光学的发展，数字图像处理已经广泛应用于诸多领域。本节主要介绍图像的概念、分类与数字图像的产生及数字图像处理的研究内容。

1.1.1　什么是图像

图像是三维世界的二维平面表示，具体来说，就是光学器件对一个物体、一个人或一个场景的可视化表示。图像中包含它所表达的事物的大部分信息，有关资料表明，人类所获得的大部分信息源于视觉系统，从"耳听为虚，眼见为实"的说法中可见一斑。

1.1.2　图像的分类

根据图像的属性不同，图像分类的方法也不同。按获取方式不同，图像可分为拍摄类图像和绘制类图像；按颜色不同，图像可分为彩色图像、灰度图像、黑白图像等；按内容不同，图像可分为人物图像、风景图像等；按功能不同，图像可分为流程图、结构图、心电图、电路图、设计图等。

在图像处理领域，将图像分为模拟图像和数字图像两种，计算机处理的信号是数字信号，所以在计算机上处理的图像均为数字图像。根据数字图像在计算机中的表示方法不同，数字图像可分为二值图像、索引图像、灰度图像。根据数字图像文件格式不同，数字图像又可分为位图和矢量图。由此可见，图像的属性是多角度的，图像的分类也是多维的。

1.1.3　数字图像的产生

数字图像的产生主要有两种渠道，一种是通过像数字照相机这样的设备直接拍摄得到数字图像；另一种是通过图像采集卡、扫描仪等数字化设备，将模拟图像转换为数字图像。扫描仪是计算机中各种扫描输入设备的总称，利用扫描仪可以将照片、图画等素材转变为数字图像。

1.1.4　数字图像处理的研究内容

数字图像处理的研究内容主要包括以下几方面。

1. 图像运算与变换

图像运算主要以图像的像素数据为运算对象，对两幅或多幅图像进行像素的点运算、代数运算或逻辑运算，但在逻辑运算中逻辑非的运算对象是单幅图像；图像变换主要是对图像像素空间关系的改变，从而改变图像的空间结构。在图像的每个像素上加一个常数可改变图像的亮度，如图 1.1 所示。

（a）原图像 　　　　　　　　　　（b）亮度改变后的图像

图 1.1　亮度改变的图像对比

2．图像增强

图像增强可以提高图像的质量。当不清楚图像质量下降的原因时，若想改善图像中的某些部分，很难确定采取哪种方法改善效果最优，只能通过结果分析和误差分析来评价图像增强效果。图像增强的方法有灰度变换、直方图修正、图像平滑和图像锐化等。例如，对一幅图像进行中值滤波后的效果对比如图 1.2 所示。

（a）原图像 　　　　　　　　　　（b）中值滤波后的图像

图 1.2　图像增强对比

3．图像复原

图像复原也是为了提高图像的质量。当已知图像质量下降的原因时，通过图像复原可以对图像进行校正。图像复原的关键是，先根据图像质量下降过程建立一个合理的降质模型，再采用某种滤波方法，恢复或重建原来的图像。图像复原对比如图 1.3 所示。

（a）原图像 　　　　　（b）运动模糊图像 　　　　　（c）逆滤波复原图像

图 1.3　图像复原对比

4．图像锐化和边缘检测

图像锐化和边缘检测是指，补偿图像的轮廓，增强图像的边缘及灰度跳变部分，使图像变得清晰，处理方法分为空间域处理和频域处理两类。边缘检测算子算法提取的边缘检测图像如图 1.4 所示。

（a）原图像　　　　　　　　　　　　　　　　（b）边缘检测图像

图 1.4　边缘检测算子算法提取的边缘检测图像

5．图像分割

图像分割是将图像分成区域，将感兴趣区（ROI）提取出来，方便进一步进行图像识别、分析和理解的方法。虽然目前已研究出许多种边缘提取、区域分割的方法，但是还没有一种普遍适用于各种图像的有效方法。现有的图像分割方法主要分为基于阈值的分割方法、基于区域的分割方法、基于边缘的分割方法及基于特定理论的分割方法等。基于阈值的图像分割效果如图 1.5 所示。

（a）原图像　　　　　　　　　　　　　　　　（b）迭代阈值法分割后的图像

图 1.5　基于阈值的图像分割效果

6．图像压缩

图像压缩是指，在不影响图像质量的前提下，减少图像的数据量，以节省图像传输、处理的时间和占用的存储容量。图像压缩可分为两类，一类是可逆的，即由压缩后的数据可以完全恢复成原来的图像，信息没有损失，称为无损压缩；另一类是不可逆的，即由压缩后的数据无法完全恢复成原来的图像，信息有一定损失，称为有损压缩。图像编码是图像压缩技术中最重要的技术之一，它是图像处理技术中发展最早且比较成熟的技术。

1.2 数字图像的表示方法

数字图像的表示方法是图像处理算法描述与计算机图像处理的基础。二维图像的每个像素在计算机中通常都表示为函数 $f(x, y)$，其中 x 和 y 代表该像素在图像中的位置。由此可知，一幅二维图像可由一个 $M \times N$ 的二维矩阵表示，其中 M 为图像的行数，N 为图像的列数，即

$$F = \begin{bmatrix} f(1,1) & \cdots & f(1,N) \\ \vdots & & \vdots \\ f(M,1) & \cdots & f(M,N) \end{bmatrix}$$

本节主要介绍五种图像表示方法，分别为二值图像、灰度图像、三原色（RGB）图像、索引图像和多帧图像。

1.2.1 二值图像

二值图像也称为二进制图像，通常用一个二维数组来描述，每 1 位二进制数表示一个像素，组成图像的像素值为 0 或 1，没有中间值，通常 0 表示黑色，1 表示白色，如图 1.6 所示。二值图像一般用来描述文字或图形，其优点是占用空间少，缺点是当表示人物或风景图像时只能描述轮廓。

图 1.6　二值图像

二值图像用一个由 0 和 1 组成的二维矩阵表示，这两个值分别对应于黑色和白色，以这种方式来操作图像可以更容易地识别出图像的结构特征。二值图像操作只反映与二值图像的形式或结构有关的信息。二值图像经常用位图格式存储。

1.2.2 灰度图像

灰度图像也称为单色图像，通常也用一个二维数组来表示，每 8 位二进制数表示一个像素，转换为十进制数后 0 表示黑色，255 表示白色，1～254 表示深浅不同的灰色。在一幅灰度图像的左上角放大一个 7 像素×7 像素的子块区域，如图 1.7 所示，可以看到各点的像素值。

通常，灰度图像显示了黑色与白色之间许多级的颜色深度，比人眼所能识别的颜色深度范围要宽得多。

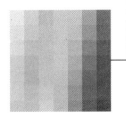

图 1.7　灰度图像中的像素值示意图

灰度图像可以用不同的数据类型来表示，如 8 位无符号整型、16 位无符号整型或双精度类型。无符号整型表示的灰度图像，每个像素在[0, 255]或[0, 65535]范围内取值；双精度类型表示的灰度图像，每个像素在[0.0, 1.0]范围内取值。

1.2.3　RGB 图像

RGB 图像也称为真彩色图像，是一种彩色图像的表示方法，利用三个大小相同的二维数组表示一个像素，三个数组分别代表 R、G、B 这三个分量，R 表示红色，G 表示绿色，B 表示蓝色，通过三种基本颜色可以合成任意颜色，每个像素的颜色直接由存储在相应位置的红色、绿色、蓝色分量的组合来确定。图 1.8 所示的 RGB 图像，左侧显示为箭头指向位置的 4 像素×4 像素的像素块，每个像素的颜色由 R、G、B 三个分量共同决定，每种颜色分量占 8 位，由[0, 255]范围内的任意数值表示。

图 1.8　RGB 图像中的像素值示意图

1.2.4　索引图像

索引图像是一种把像素值直接作为 RGB 调色板下标的图像。索引图像包含一个数据矩阵 X 和一个颜色映射（调色板）矩阵 **map**。数据矩阵可以是 8 位无符号整型、16 位无符号整型或双精度类型的。颜色映射矩阵 **map** 是一个 $m×3$ 的数据矩阵，其中每个元素的值均为[0, 1]范围内的双精度浮点型数据，**map** 矩阵中的每一行表示一个颜色的红色、绿色和蓝色分量。

索引图像可把像素值直接映射为调色板数值，每个像素的颜色通过使用数据矩阵 **X** 中的值作为 **map** 的下标来获得，如 1 指向 **map** 的第一行，2 指向 **map** 的第二行，依次类推。调色板通常与索引图像存储在一起，在下载图像时，调色板将和图像一同自动下载。索引图像的数据矩阵和颜色映射矩阵示意图如图 1.9 所示。

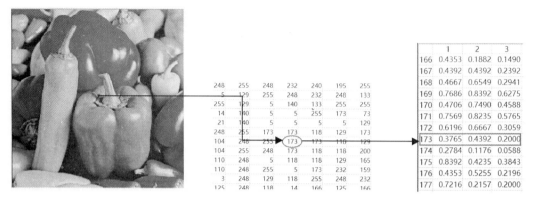

图 1.9　索引图像的数据矩阵和颜色映射矩阵示意图

1.2.5　多帧图像

多帧图像是一种包含多幅图像或帧的图像文件，又称为多页图像或图像序列，是时间或场景上相关图像的集合，如计算机 X 射线断层扫描图像或电影帧等。

在 Python 软件中，用一个四维数组表示多帧图像，其中第四维用来指定帧的序号。Python 软件支持在同一个数组中存储多幅图像，每一幅图像称为一帧。如果一个数组中包含多帧，那么这些图像的第四维是相互关联的。在一个多帧图像数组中，每一帧图像的大小和颜色分量必须相同，并且这些图像所使用的调色板也必须相同。多帧图像示意图如图 1.10 所示。

图 1.10　多帧图像示意图

1.3　计算机中的数字图像文件格式

数字图像在计算机中的存储格式多种多样，每种文件格式都包括一个头文件和一个数据文件。头文件的内容由图像"格式标准"确定，一般包括文件类型、制作时间、文件大小、制作人及版本号等信息，生成头文件制作时还涉及图像的压缩和存储效率等。本节主要介绍 BMP（Bitmap）文件格式、GIF（Graphic Interchange Format）文件格式、JPEG（Joint Photographic Experts Group）文件格式和 TIFF（Tagged Image File Format）文件格式。

1.3.1　BMP 文件格式

BMP 文件格式是 Windows 系统中的一种标准图像文件格式，支持 RGB、索引颜色、灰度和位图颜色模式。BMP 文件格式一共有两种类型，即设备相关位图（Device-Dependent Bitmap，DDB）和设备无关位图（Device-Independent Bitmap，DIB）。Windows 3.0 以前的 BMP 文件格式与显示设备有关，因此把这种 BMP 文件格式称为 DDB 文件格式。Windows 3.0 以后的 BMP 文件格式与显示设备无关，因此把这种 BMP 文件格式称为 DIB 文件格式。BMP 文件格式默认的文件扩展名是.BMP 或.bmp。

典型的 BMP 图像由四部分组成。

（1）BMP 文件头数据结构：包含 BMP 图像的类型、文件大小、显示内容、从文件头数据到图像数据的偏移字节数和保留字等信息。

（2）BMP 信息头数据结构：包含 BMP 图像的宽度、高度、指定颜色位数、压缩方法、实际的位图数据占用的字节数、目标设备水平分辨率、目标设备垂直分辨率、定义颜色及信息头数据的长度等信息。

（3）调色板：包含红色分量、绿色分量和蓝色分量。这个部分是可选的，有些位图需要调色板；有些位图，如 RGB 图像（24 位的 BMP 图像），不需要调色板。

（4）位图数据：这部分内容根据 BMP 图像使用的位数不同而不同，在 24 位的 BMP 图像中直接使用 RGB，而在其他小于 24 位的 BMP 图像中使用调色板中的颜色索引值。

BMP 文件格式采用位映射存储格式，图像深度可选 1 位、4 位、8 位、24 位，包含的图像信息较丰富。因为不进行任何图像压缩，所以 BMP 图像所占用的空间很大。BMP 图像存储数据时，图像的扫描方式为从左到右、从下到上。

目前的 BMP 文件格式都是与硬件设备无关的图像文件格式，使用非常广泛。由于 BMP 文件格式是 Windows 系统中图像数据表示的一种标准格式，因此在 Windows 系统中运行的图形、图像软件都支持 BMP 文件格式。但 BMP 文件格式也有其自身的局限性，除了占用空间大，还不被万维网（Web）浏览器支持。

1.3.2　GIF 文件格式

GIF 文件格式是 CompuServe 公司在 1987 年开发的图像文件格式，任何商业目的的使用均须获得 CompuServe 公司授权。GIF 文件格式是用于压缩具有单调颜色和清晰细节的图像（如线状图、徽标或带文字的插图）的标准格式，分为静态 GIF 和动画 GIF 两种，扩展名为.GIF 或.gif。GIF 文件格式主要有两个版本，即 GIF 87a 和 GIF 89a。GIF 87a 是 1987 年制定的版本，GIF 89a 是 1989 年制定的版本。相比于 GIF 87a，GIF 89a 为 GIF 文件格式扩充了图形控制、备注、说明和应用程序编程接口四个区块，并支持透明色和多帧动画。目前几乎所有的图像相关软件都支持 GIF 文件格式，公共领域有大量的图像软件在使用 GIF 文件格式。

GIF 文件格式主要是为数据流设计的一种传输格式，不作为图像的存储格式，它具有顺序结构形式。GIF 图像主要由五部分组成。

（1）文件标志块：识别标识符"GIF"和版本号。

（2）逻辑屏幕描述块：定义图像显示区域的参数，包含背景色、显示区域大小、横纵尺寸、颜色深浅及是否存在全局彩色表。

（3）全局彩色表：其大小由图像使用的颜色数决定。

（4）图像数据块：包含图像描述块、局部彩色表、压缩图像数据、图像控制扩展块、无格式文本扩展块、注释扩展块和应用程序扩展块，此部分可以采用默认设置。

（5）尾块：为 3B（十六进制）的指示值，表示数据流已经结束，此部分可以采用默认设置。

GIF 文件格式是一种基于 LZW 压缩算法（Lempel-Ziv-Welch Encoding，也称为串表压缩算法）的连续色调的无损压缩格式，其优点是存储效率高，支持多幅图像定序或覆盖，交错多屏幕及文本覆盖。GIF 文件格式的图像深度为 1～8 位，即 GIF 文件格式最多支持 256 种色彩的图像。隔行存放的 GIF 图像解码较快，并且显示速度比其他图像快。

GIF 文件格式支持透明背景，如果将 GIF 图像的背景色设置为透明，那么它将与浏览器背景相结合，生成非规则形状的图像。GIF 文件格式支持动画，在 Flash 动画出现之前，GIF 动画可以说是网页中唯一的动画形式。GIF 文件格式可以将单帧的图像组合起来，轮流播放每一帧从而形成动画，目前几乎所有的图形浏览器都支持 GIF 动画。GIF 文件格式支持图形渐进，渐进图片将比非渐进图片更快地出现在屏幕上，可以让访问者尽快知道图片的概貌。GIF 文件格式支持无损压缩，因此它更适合用于线条、图标和图纸。因为 GIF 文件格式的诸多优点满足了互联网（Internet）的需要，所以 GIF 文件格式成了互联网上最流行的图像格式之一。随着网速等互联网技术的发展和人们对图像色彩质量要求的提高，GIF 文件格式只能显示 256 种色彩使其应用范围受到局限，因此它不能用于储存和传输 RGB 图像。

1.3.3 JPEG 文件格式

JPEG 文件格式由国际标准化组织（ISO）的联合图像专家组制定，文件扩展名为.jpg 或.jpeg。JPEG 文件格式的图像具有较为复杂的文件结构和编码方式，和其他文件格式的最大区别是 JPEG 文件格式使用一种有损压缩算法，以牺牲部分图像数据为代价来达到较高的压缩比，但是这种损失很小，以至于人们很难察觉。JPEG 文件格式可分为标准 JPEG 文件格式、渐进式 JPEG 文件格式及 JPEG 2000 文件格式，这三种文件格式的区别主要在于其图像的显示方式不同：标准 JPEG 文件格式在下载时只能由上而下依次显示图像，直到图像全部下载完毕才能看到全貌；渐进式 JPEG 文件格式可以在下载时先呈现出图像的概略外观，再慢慢呈现出清晰的内容；JPEG 2000 文件格式是新一代的影像压缩法，压缩品质更好，并可在无线传输时改善因信号不稳造成的马赛克及位置错乱等现象。

JPEG 文件格式十分复杂，由以下八部分组成。

（1）图像开始标记 SOI：数值为 0xD8。

（2）APP0 标记：应用程序保留标记 0，数值为 0xE0。该标记之后包含 9 个具体的字段，分别为 APP0 长度、标识符、版本号、X 轴方向和 Y 轴方向的密度单位、X 轴方向像素密度、Y 轴方向像素密度、缩略图水平像素数、缩略图垂直像素数、缩略图 RGB 位图。

（3）APPn 标记：其他应用数据块，其中 n=1～15，数值对应 0xE1～0xEF，包含 APPn 长度和应用详细信息。

（4）一个或多个定义量化表（DQT）：数值为 0xDB，包含量化表、量化表数目和量化表长度。

（5）帧图像开始（SOF0）：数值为 0xC0，包含帧开始长度、帧精度（每个颜色分量、每个像素的位数）、图像高度、图像宽度、颜色分量数及每个颜色分量数（标识、垂直方向的样本因子、水平方向的样本因子和量化表号）。

（6）一个或者多个霍夫曼表（DHT）：数值为 0xC4，包含霍夫曼表的长度、类型、交流或直流、索引、位表和值表。

（7）扫描开始（SOS）：数值为 0xDA，包含扫描开始长度、颜色分量数、每个颜色分量（标识、交流系数表号和直流系数表号）及压缩图像数据。

（8）图像结束标记（EOI）：数值为 0xD9。

JPEG 文件格式使用一种有损压缩算法，压缩比通常为 10∶1～40∶1，以牺牲部分图像数据为代价来达到较高的压缩比，可以说 JPEG 文件格式以其先进的有损压缩方式用最少的存储空间得到较好的图像质量。JPEG 文件格式压缩的主要是高频信息，对色彩信息保留较好，适用于互联网，可减少图像的传输时间，支持 24 位真彩色，也普遍适用于需要连续色调的图像。当编辑或重新保存 JPEG 图像时，会使原图像数据的质量下降，这种下降是累积性的。JPEG 文件格式不适用于所含颜色很少、具有大块颜色相近的区域或亮度差异十分明显的简单图像。

1.3.4　TIFF 文件格式

TIFF 文件格式最初是由美国 Aldus 公司与微软公司一起为 PostScript 语言开发的，是一种主要用来存储照片和艺术图的图像文件格式，文件扩展名为.tif 或.tiff。TIFF 文件格式最初的设计目的是为桌面扫描仪厂商提供一个公用的扫描图像文件格式，以免每个厂商都使用自己专用的文件格式，不能互相交流。在开始的时候，TIFF 文件格式只是一个二值图像文件格式，因为当时的桌面扫描仪只能处理这种文件格式。随着扫描仪的功能越来越强大，并且计算机的磁盘空间越来越大，TIFF 文件格式逐渐支持灰度图像和彩色图像。TIFF 文件格式主要包括四种类型：TIFF-B 文件格式适用于二值图像；TIFF-G 文件格式适用于灰度图像；TIFF-P 文件格式适用于带调色板的彩色图像；TIFF-R 文件格式适用于 RGB 图像。

TIFF 文件格式主要包括以下三部分。

（1）头文件：有固定的位置，位于文件的最前端，在文件中是唯一的，包含指出标识信息区在文件中的存储地址的一个标志参数，以及正确解释 TIFF 文件格式的其他部分所需的必要信息。

（2）标识信息区：是用于区分一个或多个可变长度数据块的表，包含有关于图像的所有信息。图像文件目录中提供了一系列指针，这些指针指向各种有关的数据字段在文件中的初始地址，并给出每个字段的数据类型及长度。

（3）图像数据：根据图像文件目录中的指针所指向的地址存储相关的图像信息。

TIFF 文件格式善于应用指针功能，可以存储多份调色板数据，也可以存储多幅图像。文件内的数据区没有指定的排列顺序，只规定了头文件必须在文件的最前端，标识信息区和图像数据在文件中可以随意存放和改写。图像数据可分割成几部分分别存档。在 TIFF 6.0 规范版本中定义了许多扩展，使 TIFF 文件格式可提供五种通用功能，分别是几种主要的压缩方法、多种色彩表示方法、图像质量增强、特殊图像效果、文档的存储与检索帮助。

1.4　数字图像处理系统的组成

通常，数字图像处理是通过计算机完成的，需要先使用图像获取工具得到数字图像，图像获取工具（如扫描仪）可以将模拟图像转换为数字图像，也可以通过图像获取工具（如数字照相机）直接产生数字图像。数字图像产生后，传输到计算机中，通过计算机中的图像处理软件或用户编写的图像处理程序对图像进行处理，专业应用还可以通过图像处理工作站对专业图像进行处理。图像处理需要对大量的数据进行运算，所以通常要求计算机的运算速度快、内存空间大、硬盘存储能力强。经过处理的数字图像可以存储、显示，或者根据实际需要进行其他应用。数字图像处理系统如图 1.11 所示。

图 1.11　数字图像处理系统

1.5　常见的数字图像处理操作

数字图像处理的内容划分为以下两个主要类别：一类是输入与输出都是图像；另一类是输入可能是图像，但输出是从这些图像中提取的属性。

图像获取是数字图像处理的第一步。图像获取的目的是得到一幅数字图像。通常，图像获取阶段包括图像预处理，如图像缩放等。

图像增强是对一幅图像进行操作，使其在特定应用中比原图像更方便进行处理。"特定"一词很重要，因为图像增强技术建立在面向实际问题的基础上。例如，对增强 X 射线图像十分有效的方法，对增强电磁波谱中红外波段获取的卫星图像效果可能不明显。不存在图像增强的通用理论，图像增强方法多种多样，特殊情况需要特殊对待。

图像复原也是改进图像外观的处理方法。与图像增强不同，图像增强是主观的，而图像复原是客观的。图像复原以图像退化的数学模型或概率模型为基础；而图像增强以什么是好的增强效果这种主观感受为基础。

图像变换是在空间域或频域等非空间域中进行的数学变换，被广泛应用于图像分析、滤波、图像增强、图像压缩等。最基础的图像变换包括空间域的几何变换，频域的傅里叶变换及其逆变换、离散余弦变换及其逆变换等。

图像压缩指的是减少图像所占存储空间或降低图像带宽，是一种以较少的有损压缩或无损压缩表示原来的像素矩阵的技术。对于绘制的技术图、图表、画作、医疗图像等优先使用无损压缩，以免压缩失真；而有损压缩方法非常适合自然图像，此时图像的微小损失是可以接受的或者人们无法感知的。

图像形态学处理涉及提取图像成分的工具，这些成分在表示和描述形状方面很有用。选择一种表示仅是把原始数据转换为适合计算机后续处理的形式，使感兴趣区的图像特征更加明显。描述又称为特征选择，它提取图像的某些特征，可得到对应感兴趣区的定量信息。

图像分割是数字图像处理中最困难的操作之一，图像分割过程将一幅图像划分为组成部分或目标。通常分割越准确，目标识别越成功。目标识别是基于目标描述给该目标赋予标志（如"车辆""人物"等）的过程。

1.6　本章小结

　　本章主要介绍了一些数字图像处理的基础知识。首先介绍了图像的概念、分类与数字图像的产生及数字图像处理方面的内容。其次介绍了数字图像的表示方法，包括二值图像、灰度图像、RGB 图像、索引图像和多帧图像。再次介绍了计算机中数字图像文件的四种格式，即 BMP 文件格式、GIF 文件格式、JPEG 文件格式和 TIFF 文件格式。最后介绍了数字图像处理系统的组成和常见操作。

习题

　　1．根据不同的分类依据，图像可分为哪几类？

　　2．数字图像处理的主要内容有哪些？试分析其作用。

　　3．列举几种常见的数字图像表示方法，并简要描述其特点。

　　4．你熟悉的数字图像文件格式有哪些？试分析其特点。

　　5．思考并列举你接触过的数字图像处理软件、工具或场景，请查阅资料阐述其工作原理。

　　6．操作题：在计算机的画图软件中创建一幅图像，将其分别存储为 BMP 文件格式、GIF 文件格式、JPEG 文件格式和 TIFF 文件格式，并比较其所占存储空间的大小。

第2章 数字图像处理基础

2.1 色度学基础

我们知道，图像是由人的视觉系统接收物体透射或者反射的光学信息，在大脑中形成的印象和认识，它其实只是客观存在的多维物体在人脑中的"成像"。因此，我们要进行图像处理的研究，就需要从色度学及人的视觉特性两方面着手。

2.1.1 三基色原理

颜色和亮度是由进入人眼的可见光的强弱与波长决定的主观属性。对于同一种入射光，不同的观察者对其颜色和亮度的感受是不同的，即使是同一观察者在不同时刻、不同环境下对入射光颜色和亮度的感受也是不同的，对此必须有客观的描述方法，来表述颜色、亮度和人的感受。

人眼机理及视觉的实验和研究表明，人眼的视网膜上存在大量能在适当亮度下分辨颜色的锥体细胞，它们分别对应红、绿、蓝三种颜色，即分别对红光、绿光、蓝光敏感。因此，红（R）、绿（G）、蓝（B）这三种颜色被称为三基色。

根据人眼对三基色的吸收特性，人眼所感受到的颜色其实是三基色按照不同比例组合而成的。为建立统一的标准，国际照明委员会（CIE）于 1931 年制定了特定波长的三基色标准：蓝色波长 λ_B=435.8nm，绿色波长 λ_G=546.1nm，红色波长 λ_R=700nm。这样，任一色彩值 C 可表示为

$$C = R + G + B \tag{2-1}$$

式中，R、G、B 分别为红色分量、绿色分量、蓝色分量。红、绿、蓝三基色按照不同比例相加合成的混色称为相加混色，如表 2.1 所示。

表 2.1 三基色相加混色表

三基色比例			相加混色
R	G	B	$C = R + G + B$
0	0	0	黑色
0	0	1	蓝色
0	1	0	绿色
0	1	1	青色
1	0	0	红色
1	0	1	品红
1	1	0	黄色
1	1	1	白色
$R = G = B$（全为 0 或全为 1 除外）			灰色

2.1.2　颜色模型

颜色是光的物理属性和人眼的视觉属性的综合反映。就人眼的视觉感受而言，对各种颜色仅按其波长的不同来区分是不完全、不直观的。因此，为了更加客观地描述颜色，采用色调（Hue）、饱和度（Saturation）和亮度（Brightness）来表示人眼对颜色的视觉感受。色调由颜色在光谱中的波长决定，是颜色在"质"方面的特征，用来表示颜色的种类。饱和度取决于颜色中混入白光的多少，用来表示颜色的深浅，颜色中混入的白光越多，其饱和度越高，颜色越淡。亮度取决于颜色的光强度，是颜色在"量"方面的特征，用来表示颜色的明亮程度。

由于颜色具有不同的主观特性和客观特性，即使相同的颜色，在主观感觉（人眼视觉）及客观效果方面也不完全相同，在不同的应用领域（如影视、光照、印染等）也是如此，因此人们提出了各种颜色表示方法，称为颜色模型。目前使用最多的是面向机器（如显示器、摄像机、打印机等）的 RGB 模型和面向颜色处理（也面向人眼视觉）的 HSI（Hue-Saturation-Intensity）模型、HSV（Hue-Saturation-Value）模型。在印刷界及影视界分别使用 CMYK（Cyan-Magenta-Yellow-Black，青、品红、黄、黑）模型和 YUV（也称为 YCrCb）模型。其中，CMYK 模型是四色印刷模型，利用色料的三原色混色原理，再加上黑色油墨，共计四种颜色混合叠加，形成所谓"全彩印刷"。YUV 模型是一种明亮度信号 Y 和色度信号 U、V 分离的色空间，是欧洲电视系统经常采用的一种颜色编码方法，主要用于优化彩色视频信号的传输。

下面就常用的 RGB 模型和 HSI 模型做简单介绍。

1. RGB 模型

在空间直角坐标系中，若用三个相互垂直的坐标轴代表 R、G、B 三个分量，并将 R、G、B 分别限定在[0, 1]内，则该单位正方体就表示色空间，其中的一个点就代表一种颜色，如图 2.1 所示。

原点对应黑色，离原点最远的对角顶点对应白色，这样从黑色到白色的灰度就分布在原点到离原点最远的顶点的连线上，正方体内的各点对应不同的颜色，可用原点到该点的

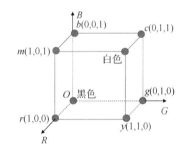

图 2.1　RGB 模型

向量表示。图 2.1 中的点 r、点 g、点 b、点 c、点 m、点 y 分别代表红色（Red）、绿色（Green）、蓝色（Blue）、青色（Cyan）、品红（Magenta）和黄色（Yellow）。

2. HSI 模型

HSI 模型是美国学者孟赛尔（Munsell）提出的，它利用颜色的三个属性，即色调分量 H、饱和度分量 S 和亮度分量 I 组成一个表示颜色的圆柱，如图 2.2 所示。

HSI 模型的轴线方向表示亮度，底部最暗，顶部最亮。圆柱的横截面形成色环，圆柱的几何中心（在圆柱的轴线上）为灰色，圆柱底面的圆心为黑色，顶面的圆心为白色。色环圆心以外部分为彩色，其中的角度表示色调，圆心到彩色点的半径长度表示饱和度。红色、绿色、蓝色三基色位于色环圆周上，按 120°分隔。色环示意图如图 2.3 所示。

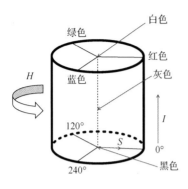

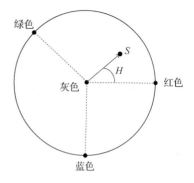

图 2.2　HSI 模型　　　　　　　　　　　　　图 2.3　色环示意图

HSI 模型的特点：HSI 模型完全反映了人们感知颜色的基本属性，分量 H、S 与人感知颜色的特性一一对应，分量 I 与图像的彩色信息无关；在处理彩色图像时，可仅对分量 I 进行处理，结果不改变原图像中的色彩种类。因此 HSI 模型被广泛应用于以人的视觉系统感知颜色的图像表示和处理系统。

3. RGB 模型和 HSI 模型之间的转换

RGB 模型面向机器，HSI 模型面向人。因此，在实际应用中经常要进行 RGB 模型和 HSI 模型之间的转换。

1）RGB 模型转换为 HSI 模型

先将分量 R、G、B 归一化到[0,1]范围内，再根据下列公式计算出对应的分量 H、S、I：

$$I = \frac{R+G+B}{3} \tag{2-2}$$

$$S = 1 - \frac{3}{R+G+B}[\min(R,G,B)] \tag{2-3}$$

$$H = \begin{cases} \theta & (B \leqslant G) \\ 360° - \theta & (B > G) \end{cases} \tag{2-4}$$

$$\theta = \arccos \frac{[(R-G)+(R+B)]/2}{\sqrt{(R-G)^2 + (R-B)(G-B)}} \tag{2-5}$$

2）HSI 模型转换为 RGB 模型

设分量 S、I 的值在[0,1]范围内，分量 R、G、B 的值也在[0,1]范围内，则由 HSI 模型转换为 RGB 模型的公式如下。

（1）当 0°≤H<120°时，有

$$R = I\left[1 + \frac{S\cos H}{\cos(60° - H)}\right] \tag{2-6}$$

$$B = I(1-S) \tag{2-7}$$

$$G = 3I - (B+R) \tag{2-8}$$

（2）当 120°≤H<240°时，有

$$R = I(1-S) \tag{2-9}$$

$$G = I\left[1 + \frac{S\cos(H - 120°)}{\cos(180° - H)}\right] \quad\quad （2-10）$$

$$B = 3I - (R + G) \quad\quad （2-11）$$

（3）当 240°≤H<360°时，有

$$B = I\left[1 + \frac{S\cos(H - 240°)}{\cos(300° - H)}\right] \quad\quad （2-12）$$

$$R = 3I - (G + B) \quad\quad （2-13）$$

$$G = I(1 - S) \quad\quad （2-14）$$

在常用的数字图像处理算法中，如果直接对 RGB 模型中的分量 R、G、B 分别进行处理，那么在处理过程中很可能会引起三个分量不同程度的变化，如此一来，在由 RGB 模型描述的数字图像处理过程中就会引起色差问题，甚至带来颜色上很大程度的失真。因此，人们在 RGB 模型的基础上提出了 HSI 模型，它的出现使得在保持色彩不失真的情况下实现数字图像处理成为可能。首先将 RGB 模型转换为 HSI 模型，得到相关性较小的分量 H、S、I，然后对其中的分量 I 进行处理，最后将 HSI 模型转换为 RGB 模型，这样就可以避免直接对 RGB 模型的分量进行处理时产生的图像失真。图 2.4 所示为常见彩色图像处理流程，其中包含 RGB 模型与 HSI 模型之间的转换。

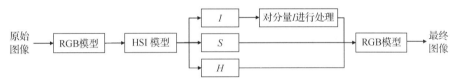

图 2.4　常见彩色图像处理流程

图 2.5 给出了一幅大小为 256 像素×256 像素的彩色图像的 RGB 模型和 HSI 模型及其分量。其中图 2.5（b）、图 2.5（c）、图 2.5（d）分别表示 RGB 模型中的各分量，而图 2.5（f）、图 2.5（g）、图 2.5（h）描述了 HSI 模型中的各分量，各分量图像大小与原图像大小相同。可以看出，图 2.5（f）中的图像较黑，而图 2.5（g）中的图像较亮，分别代表了原图像中的色调和饱和度，可以作为图像固有的特性。

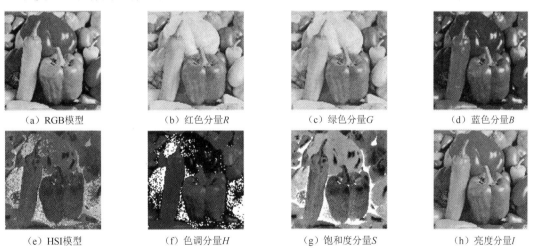

（a）RGB模型　　　（b）红色分量R　　　（c）绿色分量G　　　（d）蓝色分量B

（e）HSI模型　　　（f）色调分量H　　　（g）饱和度分量S　　　（h）亮度分量I

图 2.5　RGB 模型和 HSI 模型及其分量实例

2.2　图像的数字化技术

从广义上来说，图像是自然界景物的客观反映。以照片形式或初级记录介质保存的图像是连续的，但计算机只接收和处理数字图像，无法接收和处理空间分布与亮度取值均连续分布的图像，因此需要通过摄像机、电荷耦合器件（CCD）或扫描仪等装置采样，将一幅灰度连续变化的图像 $f(x,y)$ 的坐标 (x,y) 及幅度进行离散化。对图像 $f(x,y)$ 的空间位置坐标离散化获取离散点的函数的过程称为图像采样；对幅度（灰度）离散化的过程称为量化。采样和量化的总过程称为数字化，数字化后的图像称为数字图像。具体地说，就是在成像过程中把一幅图像分割成如图 2.6 所示的若干个小区域（像素或像元），并将各个小区域的灰度用整数来表示，这样就形成了一幅数字图像。

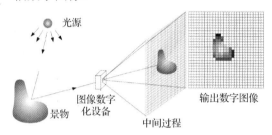

图 2.6　数字图像获取过程

2.2.1　图像的数学模型

图像经过采样和量化之后，变成由像素组成的数字图像，每个像素的亮度或灰度值用一个整数来表示。一幅由 $M\times N$ 个像素组成的数字图像，其像素灰度值可以用 M 行、N 列的矩阵 $f(i,j)$ 表示，即

$$f(i,j)=\begin{bmatrix} f_{11} & f_{12} & \cdots & f_{1N} \\ f_{21} & f_{22} & \cdots & f_{2N} \\ \vdots & \vdots & & \vdots \\ f_{M1} & f_{M2} & \cdots & f_{MN} \end{bmatrix} \tag{2-15}$$

习惯上把数字图像左上角的像素定义为 $(1,1)$ 位置处的像素，右下角的像素定义为 (M,N) 位置处的像素。从左上角开始，第 i 行、第 j 列的像素灰度值就存储到矩阵 f 中的 (i,j) 位置处。这样，数字图像中的像素灰度值与二维矩阵中的元素便一一对应起来。例如，图 2.7（a）中标注的区域对应的数据矩阵如图 2.7（b）所示。

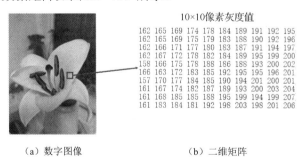

（a）数字图像　　　　　　　　　（b）二维矩阵

图 2.7　数字图像的矩阵表示

在计算机中把数字图像表示为矩阵后，就可以用矩阵理论和其他数学方法来对数字图像进行分析和处理了。

2.2.2 图像的采样

图像信号是二维空间的信号，是一个以平面上的点作为独立变量的函数。例如，黑白图像与灰度图像是用二维平面中颜色的浓淡变化来表示的，通常记为 $f(x,y)$，它表示一幅图像在水平、垂直两个方向上的光照强度。图像 $f(x,y)$ 在二维空间域中进行采样时，常用的办法是对 $f(x,y)$ 进行均匀采样，取得各点的亮度值，构成一个离散函数 $f(i,j)$，如图 2.8 所示。若是彩色图像，则用以三基色的明亮度作为分量的二维矢量函数来表示，即

$$f(x,y) = \begin{bmatrix} f_{\mathrm{R}}(x,y) & f_{\mathrm{G}}(x,y) & f_{\mathrm{B}}(x,y) \end{bmatrix}^{\mathrm{T}} \tag{2-16}$$

相应的离散值为

$$f(i,j) = \begin{bmatrix} f_{\mathrm{R}}(i,j) & f_{\mathrm{G}}(i,j) & f_{\mathrm{B}}(i,j) \end{bmatrix}^{\mathrm{T}} \tag{2-17}$$

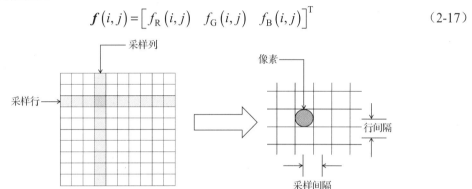

图 2.8　采样示意图

与一维信号一样，二维信号的采样也遵循采样定理。二维信号采样定理与一维信号采样定理类似。

对一个频谱有限（$|u|<u_{\max}$ 且 $|v|<v_{\max}$）的图像信号 $f(t)$ 进行采样，当采样频率满足式（2-18）和式（2-19）的条件时，采样函数 $f(i,j)$ 便能不失真地恢复为原来的连续信号 $f(x,y)$。在上文中，$u_{\max}$ 和 $v_{\max}$ 分别为连续信号 $f(x,y)$ 在频域的两个方向上有效频谱的最高角频率；u_r、v_s 为二维采样频率。图 2.9 所示为不同采样间隔的图像对比。

$$|u_r| \geqslant 2u_{\max} \tag{2-18}$$

$$|v_s| \geqslant 2v_{\max} \tag{2-19}$$

（a）原图像　　　　（b）1：4采样　　　　（c）1：8采样　　　　（d）1：16采样

图 2.9　不同采样间隔的图像对比

2.2.3 图像的量化

模拟图像经过采样后，在时间和空间上离散化为像素，但采样所得的像素值（反映当前位置的灰度值大小）仍是连续量。把采样后所得各像素的灰度值从模拟量转换为离散量的过程称为灰度图像的量化。图 2.10（a）所示为量化过程，若连续灰度值用 z 表示，对于满足 $z_i \le z \le z_{i+1}$ 的 z，都量化为整数 q_i，q_i 称为像素的灰度值，z 与 q_i 的差称为量化误差。一般地，像素值量化后用一个字节 8 位来表示，如图 2.10（b）所示。把由黑—灰—白连续变化的灰度值量化为 0～255，共 256 级，灰度值的范围为 0～255，表示亮度从深到浅，对应图像中的颜色为从黑到白。

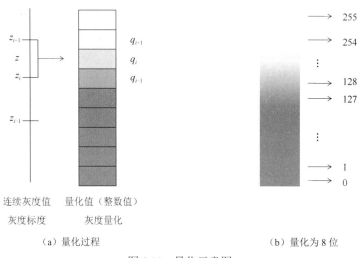

（a）量化过程   （b）量化为 8 位

图 2.10 量化示意图

一幅图像在采样时，行、列的采样点与量化时每个像素量化的级数既影响数字图像的质量，又影响该数字图像数据量的大小。假设图像取 $M \times N$ 个采样点，每个像素量化后的灰度值的二进制位数为 Q，一般 Q 为 2 的整数幂，即 $Q=2^k$，则存储一幅数字图像所需的二进制位数 b 为

$$b = M \times N \times Q \tag{2-20}$$

字节数为

$$B = M \times N \times \frac{Q}{8} \tag{2-21}$$

连续灰度值量化为灰度级的方法有两种：等间隔量化和非等间隔量化。等间隔量化是指简单地把采样值的灰度范围等间隔地分割并量化。对于像素灰度值在 0～255 范围内均匀分布的图像，这种量化方法的量化误差较小，该方法也称为均匀量化或线性量化。为了进一步减小量化误差，引入了非等间隔量化。非等间隔量化依据一幅图像具体的灰度值分布的概率密度函数，以总的量化误差最小为原则来进行量化。具体做法是对图像中像素灰度值频繁出现的灰度值范围，量化间隔取小一些；而对那些像素灰度值极少出现的范围，量化间隔取大一些。由于图像灰度值分布的概率密度函数因图像的不同而不同，所以不可能找到一个适用于所有图像的最佳非等间隔量化方案。因此，实际上一般采用等间隔量化。

对一幅图像，量化级越小，图像质量越差（见图 2.11），量化级很小的极端情况就是二值图像，图像出现"假轮廓"。

（a）量化级为256　　　　（b）量化级为64　　　　（c）量化级为8　　　　（d）量化级为2

图 2.11　不同量化级对图像质量的影响

2.3　像素的基本关系

在处理和分析数字图像时，许多运算只和当前像素的灰度值有关，因此对于这些操作只需考虑当前像素的灰度值，如常见的对比度拉伸、直方图均衡化、直方图规定化等运算。但也有一些运算和处理方法需要考虑当前处理像素与其相邻像素的关系，如边缘提取、图像分割等运算。本节将介绍在数字图像处理中经常遇到的像素的基本关系，为后续的学习打下基础。

2.3.1　像素的邻域

在数字图像处理过程中，像素的邻接表示像素间的空间邻近关系。以二维数字图像为例，数字图像中的每个像素类似于离散网格中的一个点，即网格中的一个小方格。对于数字图像中的每个像素，在空间位置上与它邻接的像素构成它的邻域。设任意像素 p 的坐标为 (x, y)，则该像素的 4 邻域定义为其上、下、左、右 4 个像素，如图 2.12（a）所示，这 4 个像素在图 2.12（a）中用 r 表示，其坐标分别为 $(x, y-1)$、$(x, y+1)$、$(x-1, y)$、$(x+1, y)$。

该像素上、下、左、右 4 个像素通常记为 $N_4(p)$，在一些参考文献中，4 个位置按方位也可称为东（East）、西（West）、南（South）、北（North）。

与 4 邻域类似，当前像素上、下、左、右 4 个像素，加上左上、左下、右上和右下 4 个沿对角线方向的相邻像素，称为当前像素 p 的 8 邻域，如图 2.12（b）所示，记为 $N_8(p)$。

其中，左上、左下、右上和右下 4 个相邻像素的坐标分别为 $(x-1, y-1)$、$(x+1, y-1)$、$(x-1, y+1)$、$(x+1, y+1)$。这 4 个像素［图 2.12（b）中用 s 表示］定义为像素 p 的对角邻域，记为 $N_D(p)$，如图 2.12（c）所示。

	r			s	r	s		s		s
r	p	r		r	p	r			p	
	r			s	r	s		s		s

　　（a）4 邻域　　　　　　　　（b）8 邻域　　　　　　　　（c）对角邻域

图 2.12　像素的邻域

在图像分析与处理中，经常使用 4 邻域和 8 邻域的概念，对角邻域单独应用的情况并不多。

2.3.2 邻接性、连通性、区域和边界

1. 邻接性

邻接性是指满足某个灰度相似性定义的两个像素 p 和 q 是否具有邻接关系。例如，定义灰度集合 $C = \{a \leq c \leq b\}$，p 和 q 同属于 C，若 q 处在 p 的 4 邻域中，则称它们为 4 邻接；类似地，若 q 处在 p 的 8 邻域或对角邻域中，则称它们为 8 邻接或对角邻接。

下面介绍关于 m 邻接的定义。

m 邻接是指，q 在 p 的 4 邻域中或 q 在 p 的对角邻域中，且 p 的 4 邻域和 q 的 4 邻域的交集为空集，即交集中不存在属于集合 C 的像素。

两个像素的邻接性不仅在于一个像素是否位于另一个像素的邻接域，还在于是否满足这个灰度集合的定义。在不同的灰度集合定义下，图像中两个像素的邻接关系可能不同。如图 2.13 所示，当集合 $C = \{2\}$ 时，点 $p\,(1,1)$ 和点 $q\,(2,2)$ 是 m 邻接关系，因为它们同属于集合 C，且它们 4 邻域的交集点 $(1,2)$ 和点 $(2,1)$ 均不属于集合 C。若所选择的集合 C 为 $\{1,2\}$，这时由于点 $(1,2)$ 的值为 1，属于集合 C，因此 p 和 q 不是 m 邻接关系，但它们均与点 $n(1,2)$ 形成 m 邻接关系。

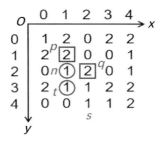

图 2.13　像素邻接关系图

为什么要引入 m 邻接的定义呢？当集合 $C = \{1,2\}$ 时，若考虑 8 邻接关系，则点 s 到点 q 的通路不唯一，如 $s \to t \to q$ 或 $s \to t \to n \to q$。若考虑 m 邻接关系，点 t 与点 q 不是 m 邻接关系，则点 s 到点 q 通路是唯一的，即 $s \to t \to n \to q$。这说明 m 邻接可以消除 8 邻接的二义性。当按照特定的邻接性来确认像素的通路时，必须保证其通路的唯一性，此时需要考虑 m 邻接关系。

2. 连通性

当两个像素 p、q 按某种邻接关系存在一条通路时，称它们是连通的。由点 p 到点 q 所经历路径的像素序列称为由点 p 到点 q 的路径，从点 p 出发沿路径到点 q 所需走的步数称为路径的长度。

需要指出的是，在分析数字图像区域的连通性时，一般需要根据邻接关系来确定所考虑的区域是 4 连通、8 连通的，还是 m 连通的。有些像素在 4 邻接条件下是不连通的，但在 8 邻接条件下是连通的。如图 2.13 所示，当集合 $C = \{2\}$ 时，对于点 p 和点 q 的连通关系，若考虑 8 连通，则它们是连通的；若考虑 4 连通，则它们是不连通的。

3. 区域和边界

在一幅图像中，由连通的像素所组成的点的集合称为一个区域。对于区域中的某个像素，

若其某个邻域不属于这一区域，则称其是该区域的边界点。一个区域的所有边界点组成该区域的边界，由于这些边界点在区域内，因此称该边界为区域的内边界。类似地，若边界点不在当前考虑的区域内，但这些边界点有一个邻域属于当前区域，则称该边界为该区域的外边界，所有满足外边界定义条件的像素组成了区域的外边界。

与连通性相似，区域也分为 4 连通区域和 8 连通区域。如图 2.13 所示，当集合 $C=\{2\}$ 时，若根据 4 连通性，则图 2.13 中具有 5 个值为 2 的区域，点(1, 1)和点(2, 2)分别属于不同的连通区域；若根据 8 连通性，则坐标点(1, 1)和点(2, 2)属于同一个连通区域。

与此相关的另一个概念是边缘（Edge）和边界（Border）。边缘是指图像中灰度值存在差异的地方，通常是指相邻像素间的灰度值差异大于某个阈值（相关内容在本书图像分割一章中做进一步介绍），图像内区域或物体之间的边缘并不一定组成一个闭合轮廓（Contour）；而边界通常对应于某个物体的轮廓，因此边界是闭合的。

2.3.3　距离度量

像素之间的关系与像素在空间中的接近程度有关，像素在空间中的接近程度可以用距离来衡量。众所周知，根据数学知识，距离有多种定义。给定三个像素的坐标分别为 $p(x, y)$、$q(s, t)$、$r(u, v)$，若满足以下三个基本条件，则度量函数 D 称为距离。

（1）非负性：$D(p,q) \geqslant 0$，当且仅当 $p=q$ 时等号成立。

（2）对称性：$D(p,q) = D(q,p)$。

（3）三角不等式：$D(p,q) \leqslant D(p,r) + D(r,q)$。

上述三个条件中，条件（1）保证了距离的非负性；条件（2）表明两个像素之间的距离与像素的起点、终点没有关系；条件（3）表明两个像素之间的距离，直线距离最短。在数字图像处理中，距离的定义也必须满足以上三个条件，数字图像处理常用的距离定义包括以下几种。

（1）欧式距离定义为

$$D_{\mathrm{e}}(p,q) = \sqrt{(x-s)^2 + (y-t)^2} \tag{2-22}$$

（2）城市距离定义为

$$D_4(p,q) = |x-s| + |y-t| \tag{2-23}$$

（3）棋盘距离定义为

$$D_8(p,q) = \max(|x-s|, |y-t|) \tag{2-24}$$

图 2.14 给出了中心像素与周围像素的欧式距离、城市距离与棋盘距离。

```
                  3                              3              3 3 3 3 3 3 3
      2.8  2.2  2  2.2  2.8                    3 2 3            3 2 2 2 2 2 3
      2.2  1.4  1  1.4  2.2                  3 2 1 2 3          3 2 1 1 1 2 3
   3   2    1   0   1    2   3             3 2 1 0 1 2 3        3 2 1 0 1 2 3
      2.2  1.4  1  1.4  2.2                  3 2 1 2 3          3 2 1 1 1 2 3
      2.8  2.2  2  2.2  2.8                    3 2 3            3 2 2 2 2 2 3
                  3                              3              3 3 3 3 3 3 3

        （a）欧式距离                        （b）城市距离              （c）棋盘距离
```

图 2.14　等距离轮廓示意图

2.4 图像质量评价

图像质量评价是图像工程的基础技术之一。在图像工程中，图像被光学系统成像到接收器上，经过光电转换、记录、编码压缩、传输、增强、复原及其他变换等过程，对这些过程技术优劣的评价都归结为图像质量评价。

图像质量的含义包括两方面：保真度和理解度。保真度是指被评价图像与标准图像的偏离程度，两者属于同一个映像，只是由于图像传输和处理等造成了偏差，保真度往往指的是图像细节方面的差异。理解度是指图像能向人或机器提供信息的能力，包括清晰度和美感等，理解度往往指的是图像整体和细节的总体概念。

按照是否有人参与，图像质量评价方法分为主观评价和客观评价。主观评价以人作为观测者，对图像进行主观评价，力求真实地反映人的视觉感知；客观评价方法借助于某种数学模型，反映人眼的主观感知，给出基于数学计算的结果。

2.4.1 图像质量的主观评价

对图像质量最普遍和最可靠的评价是观察者的主观评价。主观评价的任务是把人对图像质量的主观感觉与客观参数和性能联系起来。只要主观评价准确，就可以用相应的客观参数作为评价图像质量的依据。有时可请未经训练的"外行"观察者评价，他们的评价能代表观察者感觉的图像质量的平均水平；也可请经过训练的"内行"观察者评价，他们在处理图像方面是有经验的，可以对图像质量提出较好的临界判断。"内行"观察者能指出图像中的少量退化，而"外行"观察者可能漏看或未加以注意。

主观质量评分（Mean Opinion Score，MOS）法是最具代表性的主观评价图像质量的方法，它通过对观察者的评估归一判断图像质量，被认为是比较准确且可靠的评价方法。

主观质量评分法又可以分为绝对评价和相对评价两种，其中绝对评价最为常见。

1. 绝对评价

绝对评价是指让观察者观察一幅图像，请他们按照预先规定的评价标准判断图像质量。有时会给观察者配备一套标准参考图像，以便评价时进行主观校准，但有时观察者只能根据以往的观察经验进行判断。

主观质量评分的主观测试方法：由不同的人分别对当前图像和参考图像进行主观感觉对比，得出主观质量评分，并求平均值，这是一种纯粹主观的定性测量。绝对评价是指将图像直接按照视觉感受分级评分，表 2.2 列出了国际上规定的五级绝对评价尺度，包括质量尺度和妨碍尺度。对普通人来讲，多采用质量尺度；对专业人员来讲，多采用妨碍尺度。

表 2.2　绝对评价尺度

分　值	质　量　尺　度	妨　碍　尺　度
5分	丝毫看不出图像质量变坏	非常好
4分	能看出来图像质量变坏但不妨碍观看	好
3分	清楚地看出图像质量变坏，对观看稍有妨碍	一般
2分	对观看有妨碍	差
1分	对观看有非常严重的妨碍	非常差

2. 相对评价

相对评价不需要原图像作为参考，是观察者对一批待评价图像进行相互比较，从而判断出每个图像的优劣顺序，并给出相应的评价的方法。具体做法是，将一批待评价图像按照一定的序列播放，观察者在观看图像的同时给出待评价图像相应的评价分值。相对于绝对评价，相对评价也规定了相应的评分制度，如表 2.3 所示。

表 2.3　相对评价尺度与绝对评价尺度对比

分　　值	相对评价尺度	绝对评价尺度
5 分	该群图像中最好	非常好
4 分	好于该群图像中的平均水平	好
3 分	该群图像中的平均水平	一般
2 分	差于该群图像中的平均水平	差
1 分	该群图像中最差	非常差

图像质量的主观评价方法的优点是能够真实地反映图像直观质量，评价结果可靠，无技术障碍。但是主观评价方法也存在很多问题，如主观测试受被测图像的类别及试验观测条件的影响；评价结果易受观察者的知识背景、心理变化、观测动机等多方面因素的影响；单纯的主观评价依赖于人眼视觉系统，难以找到合适的数学模型描述；从实际应用的角度看，实施过程需要对图像进行多人、多次重复实验，耗时长、成本高、操作复杂，不利于图像质量的实时评价。这些问题使主观评价方法无法适用于所有场合。

2.4.2　图像质量的客观评价

图像质量的客观评价是指使用一个或多个图像质量的度量指标，建立与图像质量相关的数学模型，利用计算机自动计算出图像质量，其目标是客观评价结果与人的主观感受一致。

1. 均方误差

图像质量的均方误差（Mean Square Error，MSE）评价方法是一种常用的图像质量评价方法，它是指被评价图像与参考图像对应位置像素值误差的平方均值。假设有一幅参考图像 $f(x,y)$，另有一幅受到污染的图像 $g(x,y)$，若对图像 $g(x,y)$ 进行质量评价，则其均方误差为

$$\text{MSE} = \frac{1}{MN} \sum_{x=1}^{M} \sum_{y=1}^{N} \left[f(x,y) - g(x,y) \right]^2 \tag{2-25}$$

根据均方误差的定义，均方误差越大，说明图像像素值整体差异越大，图像质量越差；均方误差越小，说明图像质量越好。均方误差为 0，说明被评价图像与参考图像完全一致。

2. 信噪比与峰值信噪比

图像的信噪比（Signal to Noise Ration，SNR）也是常用的图像质量评价指标之一，是参考图像像素值的平方均值与均方误差比值的对数的 10 倍。如果一幅参考图像用 $f(x,y)$ 表示，受到污染的图像用 $g(x,y)$ 表示，若对图像 $g(x,y)$ 进行质量评价，则其信噪比为

$$\text{SNR} = 10\lg \frac{\dfrac{1}{M \times N} \sum\limits_{x=1}^{M} \sum\limits_{y=1}^{N} f^2(x,y)}{\text{MSE}} = 10\lg \frac{\sum\limits_{x=1}^{M} \sum\limits_{y=1}^{N} f^2(x,y)}{\sum\limits_{x=1}^{M} \sum\limits_{y=1}^{N} \left[f(x,y) - g(x,y) \right]^2} \tag{2-26}$$

由式（2-26）可以看出，在均方误差相同的情况下，对于不同的图像，由于像素值不同，其信噪比很可能不同。

为了消除图像自身像素值大小对评价指标产生的影响，通常采用峰值信噪比（Peak Signal Noise Ration，PSNR），这是一种与信噪比相似的质量度量准则。峰值信噪比定义为图像所容许的最大像素值平方与均方误差比值的对数的 10 倍。以 8 位灰度图像为例，由于最大像素值为 255，因此峰值信噪比为

$$\mathrm{PSNR}=10\lg\frac{255^2}{\mathrm{MSE}} \tag{2-27}$$

3．结构相似度

在图像质量评价机制中，研究人员发现均方误差、信噪比、峰值信噪比等评价指标有时可能与人的视觉感受出现较大的差异。为此，近年来人们研究了很多更接近人类视觉特性的客观评价方法。其中得到广泛应用和认可的是结构相似度（Structural Similarity Index Measure，SSIM）评价法。

结构相似度评价法考虑了两幅图像的亮度、对比度和结构等因素对相似度的影响。图 2.15 所示为结构相似度算法流程。

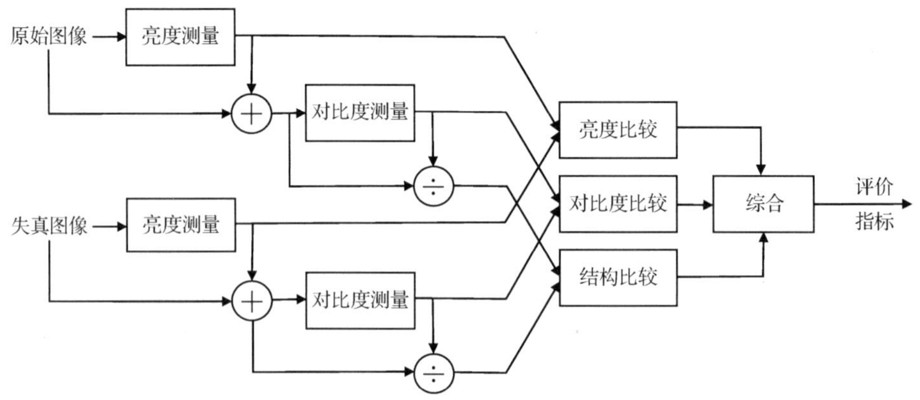

图 2.15 结构相似度算法流程

计算图像 x 、y 结构相似度的计算模型为

$$\mathrm{SSIM}(x,y)=[l(x,y)]^{\alpha}[c(x,y)]^{\beta}[s(x,y)]^{\gamma} \tag{2-28}$$

式中，一般取 $\alpha=\beta=\gamma=1$，用于调节不同因素的影响权重。$l(x,y)$、$c(x,y)$、$s(x,y)$ 分别为亮度相似度、对比度相似度和结构相似度，分别定义为

$$\begin{cases} l(x,y)=\dfrac{2\mu_x\mu_y+c_1}{\mu_x^2+\mu_y^2+c_1} \\ c(x,y)=\dfrac{2\sigma_x\sigma_y+c_2}{\sigma_x^2+\sigma_y^2+c_2} \\ s(x,y)=\dfrac{\sigma_{xy}+c_3}{\sigma_x\sigma_y+c_3} \end{cases} \tag{2-29}$$

式中，c_1、c_2 和 c_3 为三个远小于最大灰度值平方的常数，分别为 $c_1=(k_1L)^2$，$c_2=(k_2L)^2$，$c_3=$

$c_2/2$；k_1、k_2 为远小于 1 的数，通常取 $k_1 = 0.01$，$k_2 = 0.03$；L 为像素的最大值，$L = 255$；μ_x 与 μ_y、σ_x 与 σ_y、σ_{xy} 分别为两幅图像的均值、方差和协方差，计算方法分别为

$$\mu_x = \frac{1}{N}\sum_{i=1}^{N} x_i, \quad \sigma_x = \sqrt{\frac{1}{N-1}\sum_{i=1}^{N}(x_i - \mu_x)^2} \tag{2-30}$$

$$\mu_y = \frac{1}{N}\sum_{i=1}^{N} y_i, \quad \sigma_y = \sqrt{\frac{1}{N-1}\sum_{i=1}^{N}(y_i - \mu_y)^2} \tag{2-31}$$

$$\sigma_{xy} = \frac{1}{N-1}\sum_{i=1}^{N}(x_i - \mu_x)(y_i - \mu_y) \tag{2-32}$$

该方法认为，光照对于物体结构是独立的，而光照改变主要影响图像的亮度和对比度，所以它将亮度和对比度从图像的结构信息中分离出来，并结合结构信息对图像质量进行评价。基于这一类原理的方法在一定程度上避开了自然图像内容的复杂性及多通道的去相关问题，直接评价图像的结构相似性。

结构相似度越大代表两幅图像的相似度越高，其值的范围为[0, 1]，并且满足距离度量的三个性质。

（1）对称性：$\text{SSIM}(x, y) = \text{SSIM}(y, x)$。

（2）有界性：$0 \leqslant \text{SSIM}(x, y) \leqslant 1$。

（3）最大值唯一性：$\text{SSIM}(x, y) = 1 \Leftrightarrow x = y$

考虑到图像的亮度和对比度与图像内容具有密不可分的关系，无论是亮度还是对比度，在图像的不同位置都可能有不同的值，因此实际应用中通常先将图像分为多个子块，分别计算各个子块的结构相似度，再由各个子块的结构相似度计算出平均值作为两幅图像的结构相似度。

2.5 本章小结

本章简要介绍了数字图像处理的基础概念。首先，在色度学基础方面对三基色原理进行了介绍，并给出了常用的 RGB 模型与 HSI 模型的概念及两者之间的转换方法。其次，从图像的数学模型、图像的采样、图像的量化三方面阐述了图像的数字化技术。图像数字化是将空间分布和亮度取值连续分布的模拟图像经采样、量化转换成计算机能够处理的数字图像的过程，在测绘学、摄影测量学、遥感学等学科中应用广泛。再次，介绍了像素的基本关系，这是进行图像处理和分析的基础，也为后续相关知识的学习奠定了基础。最后，给出了图像质量评价的标准：主观评价以人作为观察者，力求能够真实地反映人的视觉感知；客观评价方法借助于某种数学模型，给出基于数学计算的结果。

习题

1. 理解图像采样和量化的概念。
2. 解释图像质量的含义。

3．阐述图像质量的主观评价方法。

4．阐述图像质量的客观评价方法。

5．当限定数字图像的大小时，为了得到质量较好的图像，思考可采用的采样量化方式。

6．思考设计距离度量函数应该满足的条件。

7．查阅资料，梳理结构相似度评价方法的设计思路与实现流程，试分析该方法用作图像质量评价时的优点与不足。

第3章 Python 图像处理基础

本章主要介绍利用 Python 语言实现数字图像处理的基本操作，主要包括以下几方面的内容：Python 语言、Python 图像处理库、Python 图像处理开发环境配置、图像文件的基本操作、图像类型转换等。

3.1 Python 语言

Python 语言自 20 世纪 90 年代初诞生至今，已经成为最受欢迎的编程语言之一。自 2004 年以来，Python 语言的使用率快速增长。目前，Python 语言使用最多的两个版本分别为 Python 2.x 系列和较新的 Python 3.x 系列。从 Python 2.x 到 Python 3.x 是一个较大的版本升级，两者不能完全兼容，导致很多 Python 2.x 代码不能被 Python 3.x 解释器运行。Python 2.x 发展到 Python 2.7 就不再更新了，目前 Python 3.x 系列是更好的选择。

Python 语言自身具有简洁性、易读性及可扩展性，Python 软件及其绝大多数扩展库完全免费。众多开源的科学计算库都提供与 Python 软件的调用接口，可以轻松实现各种高级任务，如著名的开源计算机视觉库 OpenCV、三维可视化库 VTK、医学图像处理库 ITK。同时，Python 软件具有丰富的专用的科学计算扩展库，其中经典的科学计算扩展库包括 NumPy（Numerical Python）、SciPy（Scientific Python）和 Matplotlib（绘图库）等，分别为 Python 软件提供快速数组处理、数值运算和绘图功能。

Python 语言的应用非常广泛，网络爬虫、数据分析、人工智能（AI）、Web 开发、Windows 系统开发、Linux 运维、游戏开发等信息技术领域均需要应用 Python 语言。每月公布的 TIOBE 榜单显示，Python 语言是一门长期受编程人员喜爱的编程语言，排名一直稳定在前列。2021 年 10 月 Python 语言 20 年来首次位居榜首，并开始蝉联冠军；Python 语言连续第五次荣获 2021 "年度编程语言"称号，即流行指数增加比例最高的编程语言。国外一些知名大学已经采用 Python 语言来讲授程序设计课程，如卡内基梅隆大学的"编程基础"课程、麻省理工学院的"计算机科学及编程导论"课程就采用 Python 语言讲授。

3.2 Python 图像处理库

常见的图像处理任务包括：图像显示；图像的基本操作，如裁剪、翻转、旋转等；图像分割、分类和特征提取；图像恢复、识别等。

Python 生态系统中免费提供了许多先进的图像处理库，加上其快速、开源等优点，被视为一种更现代、更完整的编程语言，已成为图像处理任务的最佳选择。以下介绍最常用的 Python 图像处理库，以便进行图像处理。

1．PIL

PIL（Python Imaging Library）历史悠久，是 Python 软件的第三方图像处理库，由于它具有强大的功能，几乎被认为是 Python 软件的官方图像处理库。Pillow 是 PIL 的一个派生分支，如今已取代 PIL，发展为比 PIL 更具活力的图像处理库，支持 Python 2.x 版本和 Python 3.x 版本。

PIL 能在所有主流操作系统上运行，提供基本的图像处理功能，如图像缩放、裁剪、贴图、模糊、点操作等，使用一组内置卷积内核进行过滤及色空间转换。很多时候它需要配合 NumPy 一起使用。

2．NumPy

NumPy 是 Python 软件的一个开源扩展核心库，其运行速度快，支持数组结构，可以提供大量的数学函数进行高维数组与矩阵运算。在计算机中，图像可以表示为包含数据点像素的标准 NumPy 数组，从而通过使用基本的 NumPy 操作修改图像的像素值。NumPy 通常与 SciPy 和 Matplotlib 一起使用，搭建一个强大的科学计算环境，可替代 MATLAB 软件。

3．SciPy

SciPy 是 Python 软件的另一个核心数据科学计算库（如同 NumPy），可用于基本的图像处理任务。SciPy 以 NumPy 为基础，在子模块 SciPy.ndimage 中提供了在 n 维 NumPy 数组上运行的函数，大大扩展了 NumPy 的运算能力。

4．skimage

skimage（scikit-image）是 Python 软件中图像处理的常用库之一，由 SciPy 开发和维护，对 SciPy.ndimage 进行扩展，提供更多的图像处理功能，可用于编写研究、教育和行业应用的算法与实现程序。skimage 对 SciPy.ndimage 进行了功能扩展，由多个子模块组成，其中图像数据由多维 NumPy 数组表示，类似于 MATLAB 软件，可以提供图像处理的绝大部分功能。

5．OpenCV-Python

OpenCV 是计算机视觉领域使用最广泛的开源库之一，采用 C 语言、C++编写，可运行在 Linux、Windows、macOS 等操作系统上，并提供 Java、Python、MATLAB 等编程语言的使用接口。OpenCV 拥有丰富的常用图像处理函数，使图像处理和图像分析更加便利，广泛应用于学术界和产业界的图像识别、运动跟踪、机器视觉等领域。

OpenCV-Python 是 OpenCV 的 Python 应用程序接口（API），其运行速度快，容易编程和部署，成为执行计算密集型计算机视觉任务的绝佳选择。

SimpleCV 是用于构建计算机视觉应用程序的开源框架。通过它可以访问高性能计算机视觉库，如 OpenCV 等，SimpleCV 的学习难度远远小于 OpenCV。

3.3 Python 图像处理开发环境配置

本节以 64 位 Windows 10 操作系统的计算机配置为例，介绍两种主流的基于 Python 语言的图像处理开发环境配置方法。

3.3.1　基于 Python 软件的开发环境配置

打开 Python 软件官网首页，如图 3.1 所示。

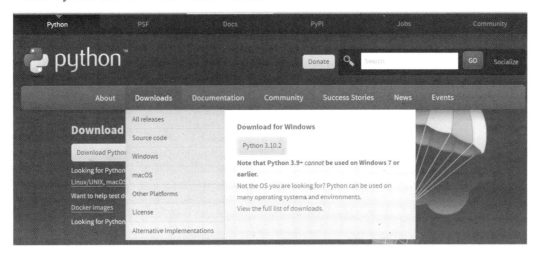

图 3.1　Python 软件官网首页

（1）下载安装包：根据计算机的操作系统条件，推荐下载稳定的 Python 3.9.10 版本的"Windows installer(64-bit)"安装包，如图 3.2 所示。

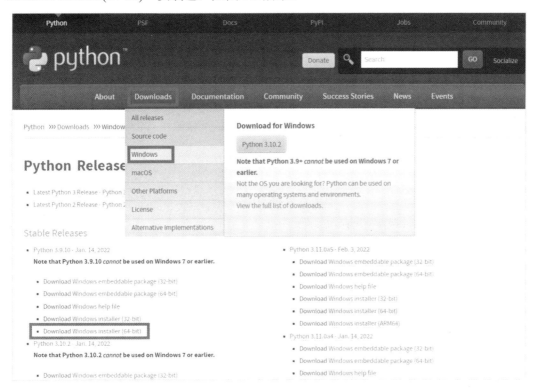

图 3.2　下载指定版本的安装包

（2）安装 Python 软件：按照提示安装 Python 软件。双击安装包，可选择以自定义方式安装 Python 软件，如图 3.3 所示。

图 3.3　安装 Python 软件

（3）根据需要选择安装项，如图 3.4 所示，单击"Next"按钮继续。

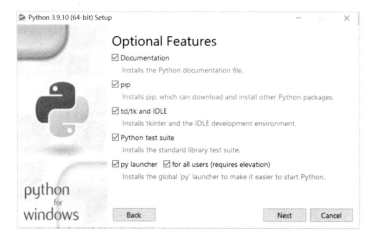

图 3.4　选择安装项

（4）高级选项设置：为避免安装后手工设置环境变量，安装时可勾选添加环境变量，如图 3.5 所示，单击"Install"按钮安装。安装进程提示如图 3.6 所示，安装完成界面如图 3.7 所示。

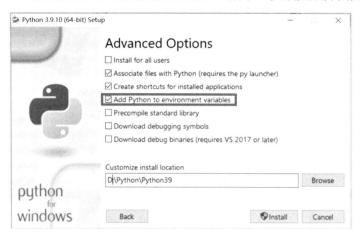

图 3.5　勾选添加环境变量

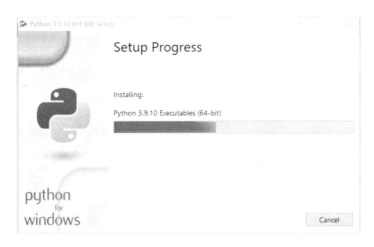

图 3.6　安装进程提示

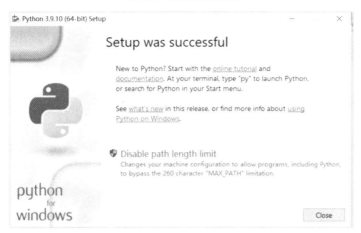

图 3.7　安装完成界面

（5）安装图像处理库文件。

① 安装 pip。

pip 是 Python 标准库（The Python Standard Library）中的一个包，是 Python 软件的包安装程序，用于管理 Python 标准库中其他的包。从 Python 2.7.9 版本或 Python 3.4 版本之后，官网的安装包中都自带 pip，在安装时用户可直接选择安装。

安装 pip 之后，使用快捷键"Win+r"调出运行窗口，输入"cmd"命令，弹出命令窗口，并切换当前目录至 Python 软件的安装路径，如图 3.8 所示。

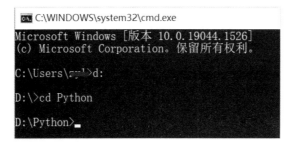

图 3.8　命令窗口

先输入命令"pip"再按回车键，查看 pip 的使用说明，如图 3.9 所示。

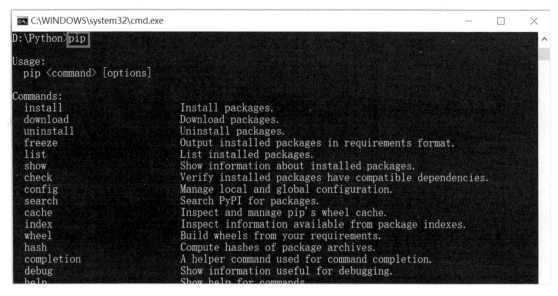

图 3.9　查看 pip 的使用说明

可以输入命令"pip list"查看本机已安装的所有包，确保所需包均已安装成功，如图 3.10 所示。

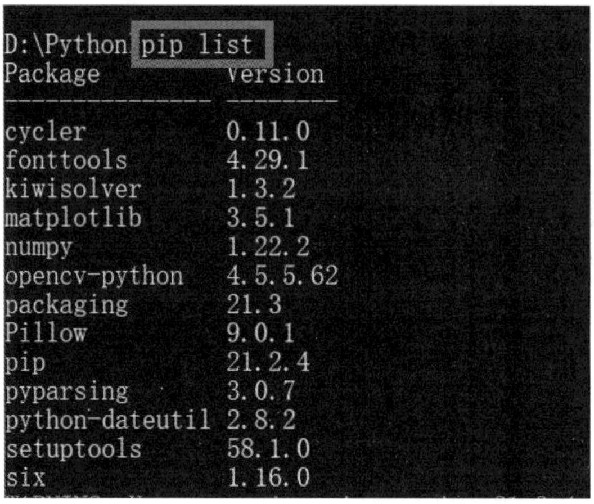

图 3.10　查看已安装的包

② 安装 pillow。

输入命令"pip install pillow"完成 pillow 的安装，并按照提示进行更新，如图 3.11 所示。

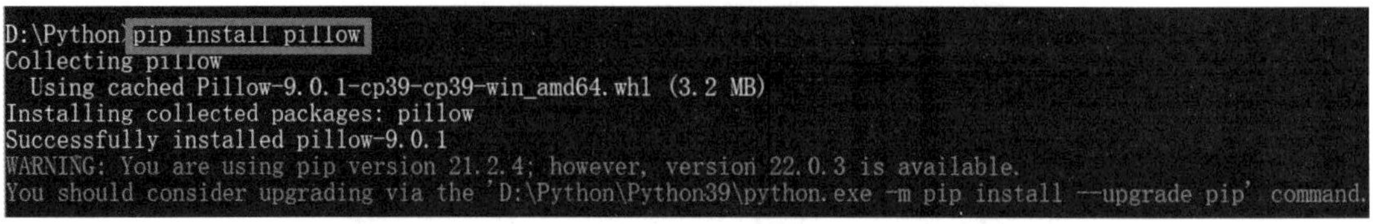

图 3.11　安装 pillow

打开“IDLE Shell 3.9.10”对话框，输入命令“import PIL”，如无报错，表明已成功安装 pillow，如图 3.12 所示。

IDLE Shell 3.9.10
File Edit Shell Debug Options Window Help
Python 3.9.10 (tags/v3.9.10:f2f3f53, Jan 17 2022, 15:14:21) [MSC v.1929 64 bit (AMD64)] on win32
Type "help", "copyright", "credits" or "license()" for more information.
>>> import PIL
>>>

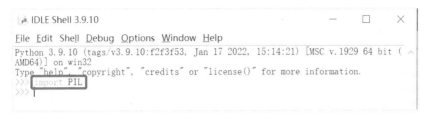

图 3.12　成功安装 pillow

③ 安装 Matplotlib 与 NumPy。

输入命令“pip install matplotlib”完成 Matplotlib 的安装，如图 3.13 所示，并可按照提示进行更新。

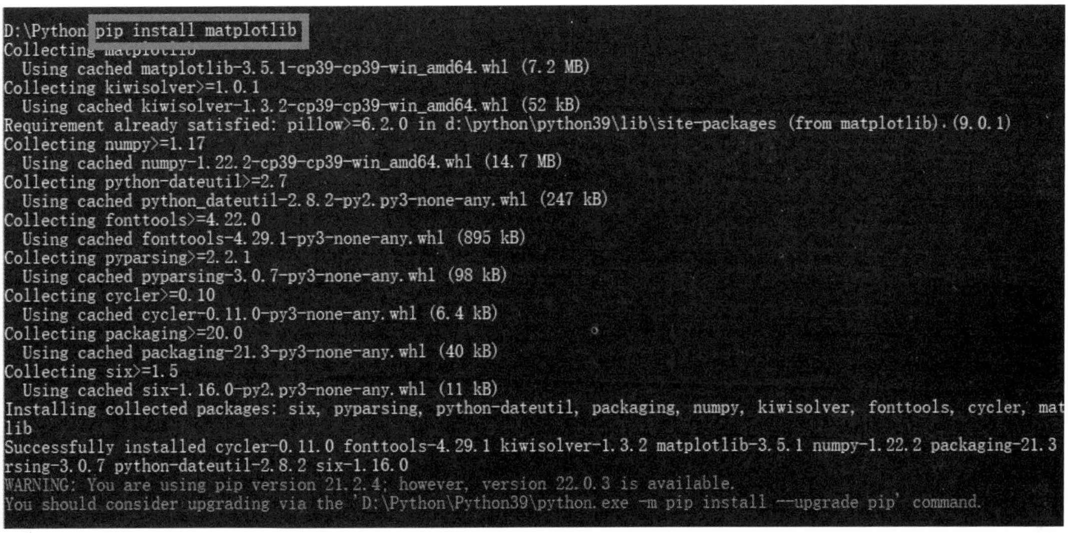
D:\Python>pip install matplotlib
Collecting matplotlib
Using cached matplotlib-3.5.1-cp39-cp39-win_amd64.whl (7.2 MB)
Collecting kiwisolver>=1.0.1
Using cached kiwisolver-1.3.2-cp39-cp39-win_amd64.whl (52 kB)
Requirement already satisfied: pillow>=6.2.0 in d:\python\python39\lib\site-packages (from matplotlib) (9.0.1)
Collecting numpy>=1.17
Using cached numpy-1.22.2-cp39-cp39-win_amd64.whl (14.7 MB)
Collecting python-dateutil>=2.7
Using cached python_dateutil-2.8.2-py2.py3-none-any.whl (247 kB)
Collecting fonttools>=4.22.0
Using cached fonttools-4.29.1-py3-none-any.whl (895 kB)
Collecting pyparsing>=2.2.1
Using cached pyparsing-3.0.7-py3-none-any.whl (98 kB)
Collecting cycler>=0.10
Using cached cycler-0.11.0-py3-none-any.whl (6.4 kB)
Collecting packaging>=20.0
Using cached packaging-21.3-py3-none-any.whl (40 kB)
Collecting six>=1.5
Using cached six-1.16.0-py2.py3-none-any.whl (11 kB)
Installing collected packages: six, pyparsing, python-dateutil, packaging, numpy, kiwisolver, fonttools, cycler, mat
lib
Successfully installed cycler-0.11.0 fonttools-4.29.1 kiwisolver-1.3.2 matplotlib-3.5.1 numpy-1.22.2 packaging-21.3
rsing-3.0.7 python-dateutil-2.8.2 six-1.16.0
WARNING: You are using pip version 21.2.4; however, version 22.0.3 is available.
You should consider upgrading via the 'D:\Python\Python39\python.exe -m pip install --upgrade pip' command.

图 3.13　安装 Matplotlib

打开“IDLE Shell 3.9.10”对话框，输入命令“import matplotlib”，如无报错，表明已成功安装 Matplotlib，如图 3.14 所示。

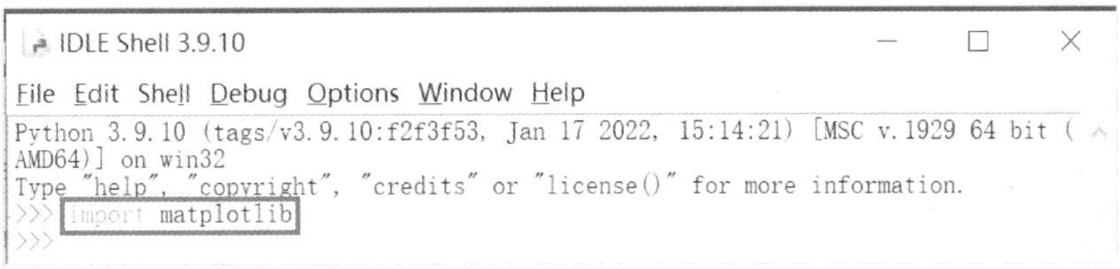
IDLE Shell 3.9.10
File Edit Shell Debug Options Window Help
Python 3.9.10 (tags/v3.9.10:f2f3f53, Jan 17 2022, 15:14:21) [MSC v.1929 64 bit (AMD64)] on win32
Type "help", "copyright", "credits" or "license()" for more information.
>>> import matplotlib
>>>

图 3.14　成功安装 Matplotlib

同样，输入命令“pip install numpy”进行自动安装，系统会自动下载并安装 NumPy。

④ 安装 skimage。

在 cmd 命令行中输入命令“pip install –U scikit-image”，自动下载并安装 skimage，如图 3.15 所示。

```
D:\Python>pip install -U scikit-image
Collecting scikit-image
  Downloading scikit_image-0.19.2-cp39-cp39-win_amd64.whl (12.6 MB)
                                              12.6 MB 504 kB/s
Collecting networkx>=2.2
  Downloading networkx-2.6.3-py3-none-any.whl (1.9 MB)
                                              1.9 MB 6.4 MB/s
Requirement already satisfied: numpy>=1.17.0 in d:\python\python39\lib\site-packages (from scikit-image) (1.22.2)
Collecting scipy>=1.4.1
  Downloading scipy-1.8.0-cp39-cp39-win_amd64.whl (36.9 MB)
                                              36.9 MB 2.2 MB/s
Collecting PyWavelets>=1.1.1
  Downloading PyWavelets-1.2.0-cp39-cp39-win_amd64.whl (4.2 MB)
                                              4.2 MB 2.2 MB/s
Requirement already satisfied: pillow!=7.1.0,!=7.1.1,!=8.3.0,>=6.1.0 in d:\python\python39\lib\site-packages (from sciki
t-image) (9.0.1)
Requirement already satisfied: packaging>=20.0 in d:\python\python39\lib\site-packages (from scikit-image) (21.3)
Collecting imageio>=2.4.1
  Downloading imageio-2.16.0-py3-none-any.whl (3.3 MB)
                                              3.3 MB 2.2 MB/s
Collecting tifffile>=2019.7.26
  Downloading tifffile-2022.2.9-py3-none-any.whl (180 kB)
                                              180 kB 1.7 MB/s
Requirement already satisfied: pyparsing!=3.0.5,>=2.0.2 in d:\python\python39\lib\site-packages (from packaging>=20.0->s
cikit-image) (3.0.7)
Installing collected packages: tifffile, scipy, PyWavelets, networkx, imageio, scikit-image
Successfully installed PyWavelets-1.2.0 imageio-2.16.0 networkx-2.6.3 scikit-image-0.19.2 scipy-1.8.0 tifffile-2022.2.9
```

图 3.15　安装 skimage

打开“IDLE Shell 3.9.10”对话框，输入命令“from skimage import io”，如无报错，表明已成功安装 skimage，如图 3.16 所示。

```
IDLE Shell 3.9.10
File Edit Shell Debug Options Window Help
Python 3.9.10 (tags/v3.9.10:f2f3f53, Jan 17 2022, 15:14:21) [MSC v.1929 64 bit (
AMD64)] on win32
Type "help", "copyright", "credits" or "license()" for more information.
>>> from skimage import io
>>>
```

图 3.16　成功安装 skimage

⑤ 安装 OpenCV-Python。

在 cmd 命令行中输入命令“pip install opencv-python”，进行自动下载并安装 OpenCV-Python，如图 3.17 所示。

```
D:\Python>pip install opencv-python
Collecting opencv-python
  Downloading opencv_python-4.5.5.62-cp36-abi3-win_amd64.whl (35.4 MB)
                                              35.4 MB 2.2 MB/s
Requirement already satisfied: numpy>=1.19.3 in d:\python\python39\lib\site-packages (from opencv-python) (1.22.2)
Installing collected packages: opencv-python
Successfully installed opencv-python-4.5.5.62
```

图 3.17　安装 OpenCV-Python

需要注意的是，在 Python 软件中引用 OpenCV 的时候需要将命令写为“import cv2”，其中 cv2 为 OpenCV 在 C++命名空间的名称，用它来表示调用 C++开发的 OpenCV 的接口。

因此，在“IDLE Shell 3.9.10”对话框中，输入命令“import cv2”，如无报错，表明已成功安装 OpenCV-Python，如图 3.18 所示。

```
IDLE Shell 3.9.10
File Edit Shell Debug Options Window Help
Python 3.9.10 (tags/v3.9.10:f2f3f53, Jan 17 2022, 15:14:21) [MSC v.1929 64 bit (
AMD64)] on win32
Type "help", "copyright", "credits" or "license()" for more information.
>>> import cv2
>>>
```

图 3.18　成功安装 OpenCV-Python

3.3.2　基于 Anaconda 软件的开发环境配置

第二种基于 Python 语言的开发环境，可以使用 Anaconda 软件，它是一种开源的 Python 发行版本，包含某版本的 Python 软件、众多常用的 Python 开源包和一个 conda（开源的软件包管理系统和环境管理系统）执行工具，支持 Windows、Linux 和 macOS 操作系统。因为包含大量的科学计算包，所以 Anaconda 文件比较大。如果仅需要部分数据包或考虑带宽、存储空间等，也可使用 Miniconda 软件。Miniconda 软件只包含最基本 Python 开源包、conda 执行工具及相关的必须依赖项。与基于 Python 软件的开发环境相比，Anaconda 软件包含大量模块，可免去后续烦琐的模块安装过程。

Anaconda 软件有多种版本，其官网上提供多种版本的安装包，下载后按提示即可完成相应版本的安装，此处不再赘述。

3.4　图像文件的基本操作

用户要想对图像文件进行操作和处理，首先要读取待处理的图像文件，然后进行相关操作和处理，最后可保存处理后的图像文件。在 Python 软件中，可以方便地进行图像文件的读取、操作及保存。本节将具体讲述处理图像文件的相关操作。

在各个图像处理库中都提供了图像文件信息读取的函数或模块，考虑到 OpenCV-Python 的轻量级和高效特性，并且其在图像处理和计算机视觉实时处理中得到广泛应用，本书将主要采用 OpenCV-Python 作为图像处理工具。

按照前述开发环境配置过程，当安装完 OpenCV 后，进行图像处理操作时，应该输入命令"import cv2"。

3.4.1　图像文件读取

读取图像文件是将图像文件从磁盘中读入内存的过程，函数 cv2.imread()用于读取图像文件。目前支持 BMP、JPG、PNG（可移植的网络图像格式）、TIFF 等常用图像文件格式的读取。

使用格式：cv2.imread(图像路径及名称, 属性)。

参数说明：

（1）图像路径及名称：读入图像的完整路径和文件名称。

（2）属性：指定用哪种方式读取图像文件，可选择 cv2.IMREAD_COLOR、cv2.IMREAD_GRAYSCALE、cv2.IMREAD_UNCHANGED，其含义如下。

cv2.IMREAD_COLOR：默认参数，读入彩色图像，忽略 alpha 通道，可用 1 代替。

cv2.IMREAD_GRAYSCALE：读入灰度图像，可用 0 代替。

cv2.IMREAD_UNCHANGED：读入原图像，包括 alpha 通道，可用-1 代替。

其中，alpha 通道又称为 A 通道，是一个 8 位的灰度通道，该通道用 256 级灰度来记录图像的透明度信息，定义透明、不透明和半透明区域。其中，黑色表示全透明，白色表示不透明，灰色表示半透明。

运行程序:

```
import cv2        #载入 OpenCV
img = cv2.imread('d:\lena_RGB.jpg')      #载入图像
print(type(img))
h, w = img.shape[:2]    #函数 shape 可查看数组的维数
print(h, w)         #打印图像尺寸
```

输出结果: 输出图像尺寸如图 3.19 所示。

```
>>>
================ RESTART: D:\Python\Python39\imge-p\img-info.py ================
<class 'numpy.ndarray'>
512 512
>>> |
```

图 3.19　输出图像尺寸

3.4.2　图像文件显示

完成图像文件的读取后,使用函数 cv2.imshow()在指定窗口中显示图像,并且该窗口自适应原图像的大小。

使用格式: cv2.show(窗口名, 待显示图像)。

参数说明:

(1)窗口名:指定显示图像的窗口标题。

(2)待显示图像:函数 cv2.imread()的返回值。

运行程序:

```
import cv2        #载入 OpenCV
img = cv2.imread('d:\peppers.jpg')      #载入图像
cv2.imshow('picture.jpg',img)        #显示图像
```

输出结果: 弹出"picture.jpg"对话框,并显示相关图像,如图 3.20 所示。

图 3.20　显示相关图像

3.4.3　图像文件保存

保存图像文件是将图像从内存保存到磁盘中的过程,使用函数 cv2.imwrite()保存图像文件。

使用格式：cv2.imwrite(保存图像名，需保存图像[, 第三个可选参数])。

参数说明：

（1）保存图像名：图像保存的路径及文件名。

（2）需保存图像：图像数据变量。

（3）第三个可选参数：

cv2.IMWRITE_JPEG_QUALITY：指定 JPEG 图像的质量，数值为 0～100 范围内的整数，默认值为 95，数值越高，画质越好，文件越大。注意，cv2.IMWRITE_JPEG_QUALITY 的类型为 long，必须转换成 int 使用。

cv2.IMWRITE_PNG_COMPRESSION：指定 PNG 图像的质量，代表压缩级别，数值范围为 0～9，默认值为 3，数值越高，画质越差，文件越小。

运行程序：

```
import cv2     #载入 OpenCV
img=cv2.imread('d:\peppers.jpg')     #读取图像
cv2.imwrite('new.jpg',img,[int(cv2.IMWRITE_JPEG_QUALITY), 50])     #保存图像
img1=cv2.imread('new.jpg')     #读取图像
cv2.imshow('original.jpg',img)     #显示原图像
cv2.imshow('new.jpg',img1)     #显示新图像
```

输出结果：保存并显示新图像如图 3.21 所示。

图 3.21　保存并显示新图像

3.4.4　视频文件读取

对于视频文件的读取，OpenCV 提供了函数 cv2.VideoCapture()来读取本地视频和打开摄像头数据。读取视频文件的程序如下。

```
import cv2
cap = cv2.VideoCapture('d:/V.mp4')     #打开指定位置的视频文件
while(True):
    ret,frame = cap.read()     #捕获一帧图像
    if ret:
        cv2.imshow('frame',frame)
```

```
    cv2.waitKey(25)
  else:
    break
cap.release()    #关闭视频
cv2.destroyAllWindows()    #关闭窗口
```

3.5 图像类型转换

3.5.1 RGB 图像转换为灰度图像

在 Python 软件中，使用 OpenCV 将 RGB 图像转换为灰度图像有如下两种方式。

（1）用函数 cv2.imread()直接读取 RGB 图像并运用参数将其转换为灰度图像。

运行程序：

```
import cv2        #载入 OpenCV
img = cv2.imread('d:\peppers.jpg',0)    #以灰度图像读取
cv2.imshow('gray_image',img)    #显示灰度图像
```

运行结果：显示灰度图像如图 3.22 所示。

图 3.22　显示灰度图像

（2）用函数 cv2.imread()读取 RGB 图像后进行色空间转换。

OpenCV 在实际应用中，有多种色空间表示方法，包括 RGB 模型、HSI 模型、HSL（色相-饱和度-亮度）模型、HSV 模型、HSB（色相-饱和度-明度）模型、YCrCb（YUV）、CIE XYZ 比色系、CIE LAB 表色系等，经常要遇到色空间的转换。其中，较为常用的是 BGR 色空间与灰度色空间、BGR 色空间与 HSV 色空间的转换。OpenCV 使用函数 cv2.cvtColor()对图像进行色空间的转换，将输入图像从一个色空间转换到另一个色空间。

使用格式：dst = cv2.cvtColor(输入图像, code[, dst[, dstCn]])。

参数说明：

（1）输入图像：待处理的图像，即函数 cv2.imread()的返回值。

（2）code：色空间转换码，即确定将什么格式的图像转换成什么格式的图像，可以通过查表获得。

（3）dstCn：输出的图像通道数，默认值为 0，表示与输入图像的通道数一样。

38

注意：在处理 RGB 图像时，要注意色彩通道的顺序（RGB 或 BGR），OpenCV 中的默认色彩通道顺序为 BGR，而非 RGB。因此，OpenCV 与其他库转换时，可使用命令"img = cv2.cvtColor(img,cv2.COLOR_BGR2RGB)"将色彩通道顺序由 BGR 转换为 RGB。下面的例子，将 BGR 图像转为灰度图像。

运行程序：

```
import cv2        #载入 OpenCV
img = cv2.imread('d:\peppers.jpg')      #读取图像信息
img = cv2.cvtColor(img, cv2.COLOR_BGR2GRAY)   #转为灰度色空间
cv2.imshow('gray_image',img)      #显示灰度图像
```

运行结果：显示灰度图像如图 3.23 所示。

图 3.23　显示灰度图像

3.5.2　二值图像的转换

二值图像中的数据类型是 logical 型，0 代表黑色，1 代表白色，所以二值图像实际上是一幅黑白图像。将其他图像转换为二值图像时，需要先明确一个规则，即将图像像素值中的哪些数据变为 1，哪些数据变为 0。最常用的方法是阈值法，小于阈值的数据取 0，大于等于阈值的数据取 1。在 OpenCV 中，使用函数 cv2.threshold()可以将灰度图像转换为二值图像。

1）灰度图像转换为二值图像

使用格式：ret, dst = cv2. threshold (原图像, 阈值, 最大值, 算法类型)。

参数说明：

（1）原图像：待转换的原图像数据。

（2）阈值："0"和"1"的分界阈值。

（3）最大值：图像数据中的最大值。

（4）算法类型：划分数据时使用的算法类型，常用值为 0（cv2.THRESH_BINARY）。

运行程序：

```
import cv2       #载入 OpenCV
img = cv2.imread('d:\peppers.jpg',0)     #读取灰度图像
ret, dst = cv2.threshold(img, 127, 255, 0)
cv2.imshow('Gray_image',img)     #显示原灰度图像
cv2.imshow('Binary_image',dst)       #显示二值图像
```

运行结果：原灰度图像与转换后的二值图像如图 3.24 所示。

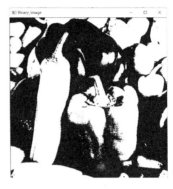

图 3.24　原灰度图像与转换后的二值图像

2）RGB 图像转换为二值图像

转换的原图像不同，二值图像的转换也有差异。若输入的不是灰度图像，则先将其转换为灰度图像，再通过阈值法转换为二值图像。

运行程序：

```
import cv2        #载入 OpenCV
img = cv2.imread('d:\lena_RGB.jpg')     #读取灰度图像
img1= cv2.cvtColor(img, cv2.COLOR_BGR2GRAY) #RGB 图像转换为灰度图像
ret, dst = cv2.threshold(img1, 127, 255, 0) #转换为二值图像
cv2.imshow('RGB_image',img) #显示原 RGB 图像
cv2.imshow('Gray_image',img1) #显示灰度图像
cv2.imshow('Binary_image',dst) #显示二值图像
```

运行结果：原 RGB 图像、灰度图像及二值图像转换结果如图 3.25 所示，扫二维码可查看彩色图像。

图 3.25　运行结果

3.5.3　数据矩阵转换为数字图像

在计算机中存放的数据矩阵，只要其中的元素在一定的取值范围内，就可以转换为一幅数字图像。因此，只要将对应数据矩阵中的元素按一定规律进行转换，就可以将数据矩阵转换为数字图像。在 OpenCV 中，将一个数据矩阵转换为一幅灰度图像，其代码如下。

运行程序：

```
import os
import cv2
import numpy as np
randomArray = bytearray(os.urandom(60000))  #生成指定长度的字符串
NumpyArray = np.array(randomArray) #转换为 NumPy 数组
Img_gray = NumpyArray.reshape(200, 300) #转换为指定尺寸的数字图像数据
cv2.imshow('GrayImage', Img_gray)  #显示灰度图像
print(Img_gray)
cv2.imwrite('d:/rand_image.jpg',Img_gray)
```

运行结果：

在"IDLE Shell 3.9.10"对话框中打印数据矩阵，在"GrayImage"对话框中显示灰度图像，在指定目录中生成"rand_image.jpg"属性的图像文件，如图 3.26 所示。

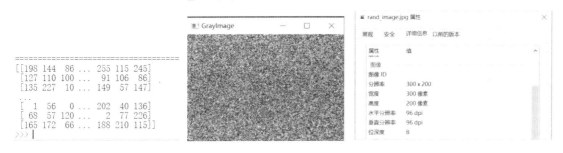

图 3.26　运行结果

3.6　本章小结

本章主要介绍了基于 Python 软件和 Python 图像处理库的开发环境配置，还介绍了常见的 Python 图像处理基础知识，如图像文件的基本操作，包括图像文件读取、图像文件显示、图像文件保存、视频文件读取及图像类型转换等。本章通过实例的演示及结果展示，帮助读者更直接、更快地了解 Python 软件在数字图像处理中的基本操作方法，掌握常见的图像处理函数的使用方法和注意事项。在后续内容中会进一步介绍基于 Python 软件和 Python 图像处理库开发环境的典型数字图像处理应用。

习题

1．常见的 Python 图像处理库有哪些？

2．简述 Python 软件中 pip 的作用。

3．简述安装 OpenCV 后，函数 cv2.imread()的作用及其使用格式。

4．在图像文件读取函数 cv2.imread（图像路径及名称，属性）中，属性指定了以哪种方式读取图像文件。属性可选择 cv2.IMREAD_COLOR、cv2.IMREAD_GRAYSCALE、cv2.IMREAD_UNCHANGED，试说出不同属性的读取方式。

5．写出以下程序的运行结果。

```
import cv2
img = cv2.imread('d:\lena_RGB.jpg')
cv2.imshow('picture.jpg', img)
```

6．简述 RGB 图像转换为二值图像的过程。

7．操作题：请在 Python 软件中，采用两种方式用 OpenCV 将 RGB 图像转换为灰度图像。

8．操作拓展题：使用 Python 软件读取一个视频文件。

第4章 图像变换

图像在空间域和频域中为我们提供了不同的视角。

人眼看到的直观图像都是空间域上的，数字图像 $f(x, y)$ 就是一个定义在二维空间中矩形区域上的离散函数，其信息往往具有很强的相关性。

图像的变换域分析是将图像从空间域变换到变换域中，将图像信号通过某种数学方法变换到其他正交矢量空间中，其目的是获取图像在变换域中的某些性质，并对其进行处理。图像经过变换后，一方面能够更有效地反映图像在空间域中难以观察到的特征，另一方面也可以使能量集中在少量数据上，更有利于图像的存储、传输及处理。在变换域内处理图像后，将处理结果进行逆变换到空间域中。频域变换法是应用最广泛的一类方法，包含多种图像变换方法，如常用的傅里叶变换、离散余弦变换（DCT）、小波变换等。每一种图像变换方法的适用对象和侧重解决的问题各不相同，但无论采用哪种图像变换方法，基本目的都相同，即可以更容易、更方便，或者更直接、更直观地解决特定的图像处理问题。

无论是在空间域还是在频域等非空间域中的数学变换，它们都广泛应用于图像分析、图像滤波、图像增强、图像压缩等。本章将介绍数字图像处理领域中重要的图像变换技术，主要包括图像空间域的几何变换，频域的傅里叶变换及其逆变换、离散余弦变换及其逆变换。

4.1 图像的几何变换

图像的几何变换又称为图像的空间变换，常常作为其他图像处理方法的预处理步骤，是图像归一化的核心工作之一。其主要研究如何将一幅图像中的坐标映射为另一幅图像中的新坐标，且不改变图像的像素值，只是在图像平面上进行像素的重排。因此，图像几何变换包含两部分运算：一部分是用于空间变换的运算，如平移、旋转和镜像等，实现输出图像与输入图像之间的像素映射；另一部分是灰度插值算法，以防出现输出图像的像素被映射到输入图像的非整数坐标上。

本节主要介绍一些基本的图像几何变换，包括图像的平移、镜像、缩放、转置、旋转和插值等。

4.1.1 图像的平移

图像的平移是图像几何变换中最简单、最常见的变换之一，将一幅图像上的所有点都按照给定的偏移量在水平方向上（沿 x 轴）和垂直方向上（沿 y 轴）移动，平移后的图像与原图像大小相同。设 $P_0(x_0, y_0)$ 为原图像上的一点，图像水平平移量为 dx，垂直平移量为 dy，则平移后点 $P_0(x_0, y_0)$ 的坐标将变为 $P_1(x_1, y_1)$，位置映射关系式为

$$\begin{cases} x_1 = x_0 + \mathrm{d}x \\ y_1 = y_0 + \mathrm{d}y \end{cases} \tag{4-1}$$

图像坐标平移原理如图 4.1 所示。

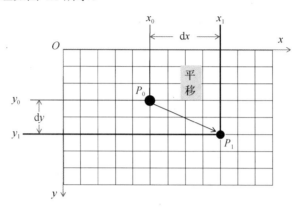

图 4.1　图像坐标平移原理

在 Python-OpenCV 的环境下，实现图像的平移分两个步骤。

（1）定义图像的平移矩阵，分别指定水平方向和垂直方向上的平移量 $\mathrm{d}x$ 和 $\mathrm{d}y$，平移矩阵的形式为

$$M = \begin{bmatrix} 1 & 0 & \mathrm{d}x \\ 0 & 1 & \mathrm{d}y \end{bmatrix} \tag{4-2}$$

（2）通过仿射变换函数 cv2.warpAffine()来实现图像的平移。

使用格式：cv2.warpAffine(输入图像, 变换矩阵, 输出图像尺寸[, 输出图像[, 插值方法组合[, 边界像素模式[, 边界填充值]]]])。

日常使用时，只要设置前三个参数，函数 cv2.warpAffine(img,M,(rows,cols))就可以实现基本的仿射变换效果。

参数说明：

（1）输入图像：输入图像数据，即函数 cv2.imread()的返回值。

（2）变换矩阵：仿射变换矩阵，反映平移或旋转关系，为 InputArray 类型的 2×3 的变换矩阵。

（3）插值方法组合：默认为 flags=cv2.INTER_LINEAR，表示线性插值，此外还有 cv2.INTER_NEAREST（最近邻插值）、cv2.INTER_AREA（区域插值）、cv2.INTER_CUBIC（三次样条插值）、cv2.INTER_LANCZOS4（Lanczos 插值）。插值算法将在后续内容中介绍。

（4）边界像素模式：int 类型。

（5）边界填充值：默认值为 0。

运行程序：

```
import numpy as np
import cv2
img=cv2.imread('d:/house.jpg')
height, width = img.shape[:2] #函数 shape 查看图像尺寸
```

```
mat_translation=np.float32([[1, 0, 20], [0, 1, 0]]) #水平方向上平移20
dst1=cv2.warpAffine(img, mat_translation, (width, height)) #仿射变换函数
cv2.imshow('dst1', dst1)
mat_translation=np.float32([[1, 0, 0], [0, 1, 50]])#垂直方向上平移50
dst2=cv2.warpAffine(img, mat_translation, (width, height))
cv2.imshow('dst2',dst2)
mat_translation=np.float32([[1,0, 20], [0, 1, 50]])#右下平移矩阵
dst3=cv2.warpAffine(img, mat_translation, (width, height))
cv2.imshow('dst3', dst3)
mat_translation=np.float32([[1,0, -20], [0, 1, -50]])#左上平移矩阵
dst4=cv2.warpAffine(img, mat_translation, (width, height))
cv2.imshow('dst4', dst4)
```

运行结果：显示四个方向上的平移效果图，如图 4.2 所示。

（a）向右平移后的图像　　（b）向下平移后的图像　　（c）右下平移后的图像　　（d）左上平移后的图像

图 4.2　图像平移运行结果

图 4.2 中原图像的左上角是坐标原点，向右为 x 轴正向平移方向，向下为 y 轴正向平移方向。

4.1.2　图像的镜像

图像的镜像分为水平镜像和垂直镜像。

水平镜像以原图像的垂直中轴线为中心轴将图像分为左右两部分，进行左右对换。图像水平镜像中每行像素的处理方式相同，行顺序不发生变化，只是每一行的像素顺序从左到右进行了颠倒。假设原图像上的坐标(x_0, y_0)经过水平镜像对应的新坐标为(x_1, y_1)，中心轴如图 4.3（a）所示，它们之间的数学关系式为

$$\begin{cases} x_1 = 2M - x_0 \\ y_1 = y_0 \end{cases} \tag{4-3}$$

垂直镜像是以原图像的水平中轴线为中心轴将图像分为上下两部分，进行上下对换。假设原图像上的坐标(x_0, y_0)，经过垂直镜像对应的新坐标为(x_1, y_1)，中心轴如图 4.3（b）所示，它们之间的数学关系式为

$$\begin{cases} x_1 = x_0 \\ y_1 = 2N - y_0 \end{cases} \tag{4-4}$$

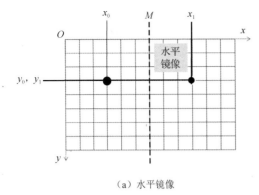

（a）水平镜像

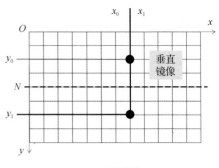

（b）垂直镜像

图 4.3　图像镜像原理

在 Python-OpenCV 的环境下，使用函数 cv2.flip()完成图像的镜像。

使用格式：cv2.flip(输入图像, 镜像方式)。

参数说明：

（1）输入图像：输入图像数据，即函数 cv2.imread()的返回值。

（2）镜像方式：1 代表水平镜像，0 代表垂直镜像，-1 代表对角镜像。

运行程序：

```
import numpy as np
import cv2
img = cv2.imread('D:\house.jpg')
cv2.imshow( 'Original',img)
img1=cv2.flip(img, 1) #水平镜像
img2=cv2.flip(img, 0) #垂直镜像
img3=cv2.flip(img, -1) #对角镜像
cv2.imshow('dst1',img1)
cv2.imshow('dst2',img2)
cv2.imshow('dst3',img3)
```

运行结果：显示原图像和三个方向的镜像效果图，如图 4.4 所示。

（a）原图像

（b）垂直镜像

（c）水平镜像

（d）对角镜像

图 4.4　图像镜像运行结果

4.1.3　图像的缩放

图像缩放是指将给定的图像在水平方向上按比例缩放 f_x 倍，在垂直方向上按比例缩放 f_y

倍，从而获得一幅新图像。若 $f_x = f_y$，即在水平方向上和垂直方向上缩放的比例相同，则称这样的比例缩放为图像的全比例缩放。若 $f_x \neq f_y$，图像比例缩放则会改变原图像像素间的相对位置，产生几何畸变。

在 Python-OpenCV 的环境下，使用函数 cv2.resize()实现图像的缩放。

使用格式：cv2.resize(输入图像, 缩放图片尺寸[, 输出图像[, f_x[, f_y[, 差值方式]]]])。

参数说明：

（1）输入图像：函数 cv2.imread()的返回值。

（2）缩放图像尺寸：dsize，若 dsize=0，则默认的计算方式为 dsize=Size(round($f_x *$ src.cols), round($f_y *$ src.rows))。

（3）输出图像：函数 cv2.resize()的返回值。

（4）f_x 和 f_y：分别为水平方向上和垂直方向上的缩放系数。当 f_x 和 f_y 均取 0 时，f_x=(double)dsize.width/src.cols，f_y=(double)dsize.height/src.cols。当默认参数为 0 时可以不写，但是 f_x、f_y 和 dsize 不能同时为 0。

（5）差值方式：默认为线性差值（INTER_LINEAR）。

运行程序：

```
import cv2   #载入 OpenCV
img=cv2.imread('d:\denglong.jpg')   #读取图像
height, width = img.shape[:2]   #函数 shape 查看图像尺寸
dst_height = int(height *0.5)   #高度缩小为原来的一半
dst_width = int(width*0.5)   #宽度缩小为原来的一半
dst=cv2.resize(img,(dst_width,dst_height),0,0) #dst_width 在前,dst_height 在后
cv2.imshow('Original',img)   #显示原图像
cv2.imshow('Resized',dst)   #显示缩放后的图像
print("原始尺寸是: ", height, width)   #打印原图像尺寸
print("缩放后尺寸是: ", dst_height, dst_width) #打印缩放后的图像尺寸
```

运行结果：

（1）弹出两个窗口分别显示原图像和缩放后的图像，如图 4.5 所示。

图 4.5　图像缩放运行结果

（2）IDLE Shell 界面显示结果如图 4.6 所示。

```
>>>
========================= RESTART: D:\book\ch_4.py =========================
原始尺寸是：  360 240
缩放后尺寸是：  180 120
>>>
```

图 4.6　IDLE Shell 界面显示结果

图像缩小与放大对比如图 4.7 所示，利用函数 imresize()的多种调用形式，实现图像的缩放。在同尺寸显示时，可以发现缩小后的图像会丢失一部分原图像的信息，出现模糊化。放大后的图像，增加了原图像信息，显示得更清晰，如图 4.7（b）和图 4.7（c）所示。指定行列的图像缩放中，建议用户采用原图像的纵横比，这样缩放后的图像能更好地保持原图像的信息。

（a）原图像　　　　　　　　（b）缩小 $\frac{1}{4}$ 后　　　　　　　（c）放大 1.5 倍后

图 4.7　图像缩小与放大对比

4.1.4　图像的转置

图像转置即图像的行列坐标互换，图像的大小会随之改变，即图像的高度和宽度数值互换。
例如，图像上的点(x_0, y_0)转置后对应的新坐标为(x_1, y_1)，关系式为

$$\begin{cases} x_1 = y_0 \\ y_1 = x_0 \end{cases} \tag{4-5}$$

在 Python-OpenCV 的环境下，使用函数 cv2.transpose()实现图像的转置。

使用格式：cv2.transpose(输入图像[, 输出图像])。

参数说明：

（1）输入图像：函数 cv2.imread()的返回值。

（2）输出图像：函数 cv2.transpose()的返回值。

运行程序：

```
import cv2
img = cv2.imread('D:\shoulian.png')
cv2.imshow('Input_image',img)
height, width = img.shape[:2]
dst=cv2.transpose(img) #图像转置
cv2.imshow('Transposed_image',dst)
```

运行结果：图像转置运行结果如图 4.8 所示。

图 4.8　图像转置运行结果

4.1.5　图像的旋转

图像的旋转是指以图像的几何中心为旋转中心，将图像中的所有像素都旋转一个相同的角度。

在 Python-OpenCV 的环境下，实现图像的旋转需要先定义一个旋转矩阵，使用函数 cv2.getRotationMatrix2D()定义一个旋转矩阵，再使用函数 cv2.warpAffine()实现图像的旋转。

使用格式：cv2.getRotationMatrix2D(旋转中心, 旋转角度, 缩放比例)。

cv2.warpAffine(输入图像,变换矩阵,输出图像尺寸[,输出图像[,插值方法组合[,边界像素模式[,边界填充值]]]])。

参数说明：

（1）旋转中心：图像旋转的中心。

（2）缩放比例：旋转图像的缩放比例。

（3）函数 cv2.warpAffine()相关参数参考前文。

运行程序：

```
import cv2
img = cv2.imread('D:\shoulian.jpg')
cv2.imshow('Input_image',img)
height, width = img.shape[:2]
matRotate =cv2.getRotationMatrix2D((height*0.5, width*0.5),20, 0.5)  #旋转矩阵
dst =cv2.warpAffine(img, matRotate,(width,height))
cv2.imshow('Rotated_image',dst)
```

运行结果：图像旋转运行结果如图 4.9 所示。

图 4.9　图像旋转运行结果

需要说明的是，使用该方法旋转后的图像尺寸与原图像相同。如果缩放比例及旋转程度选择得不合适，可能会造成图像部分信息丢失（见图 4.9）。若想避免这类图像信息的丢失则需要增加计算旋转后图像的外接矩形框尺寸的过程，本节不再介绍，感兴趣的读者可以自行查阅相关资料进行学习。

4.1.6　图像的剪切

在图像处理过程中，经常出现只对图像的部分区域感兴趣的情况，这时需要对原图像进行剪切。

在 Python-OpenCV 的环境下，通过以下程序实现图像的剪切。

运行程序：

```
import cv2
img = cv2.imread(' D:\shoulian.jpg ' )
dst = img[100:200, 50:150] #剪切坐标为(y0:y1, x0:x1)
cv2.imshow('Input_image',img)
cv2.imshow('Output_image',dst)
```

运行结果：图像剪切运行结果如图 4.10 所示。

图 4.10　图像剪切运行结果

本程序利用数组切片方式获取需要剪切的图像范围。需要注意的是切片指定的坐标是需要剪切的图像在原图像中的坐标，即$(y_0:y_1, x_0:x_1)$，原图像的左上角是坐标原点。

4.1.7　图像的插值

图像几何变换的本质是将像素的坐标通过某种函数映射关系，映射到其他位置，通常包括向前映射与向后映射两种方法。

向前映射是在已知输入图像到输出图像的坐标变换时，可以由输入图像的坐标计算该点在输出图像中的新坐标。图像的平移、镜像等操作就可采用这种方法。计算公式为

$$\begin{pmatrix} x' \\ y' \end{pmatrix} = \begin{pmatrix} f(x, y) \\ g(x, y) \end{pmatrix} \tag{4-6}$$

向后映射是向前映射的逆过程，即已知输出图像到输入图像的坐标变换，可以由输出图像的坐标计算该点在输入图像中的坐标，即

$$\begin{pmatrix} x \\ y \end{pmatrix} = \begin{pmatrix} f^{-1}(x', y') \\ g^{-1}(x', y') \end{pmatrix} \tag{4-7}$$

通常情况下，图像中的一个整数坐标(x, y)经过图像变换后，往往无法映射到整数坐标上，此时就需要使用图像插值技术。

对于向前映射法，输入图像上整数坐标经过变换后映射到输出图像上，变成了非整数坐标。此时，对于输出图像而言，输出图像中整数坐标的像素值周围会有很多输入图像像素映射过来，如图 4.11 所示，整数坐标周围的每个非整数坐标像素都会贡献一定的像素值到它上面，需要将这些贡献的像素值叠加，得到输出图像整数坐标的像素值，无法直接求得输出图像某一点的像素值。

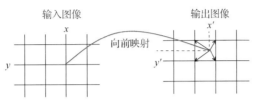

图 4.11　向前映射法

对于向后映射法，可以直接计算输出图像上整数坐标(x', y')变换前其在输入图像上的坐标(x, y)，若是非整数坐标，则利用其周围整数坐标的像素值进行插值，得到该点的像素值，如图 4.12 所示。由于向后映射法逐个考虑输出图像中的像素，不会产生计算浪费问题，在图像的缩放、旋转等操作中多采用这种方法，本书中介绍的图像插值算法均为向后映射法。

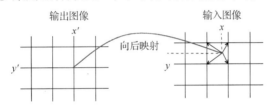

4.12　向后映射法

本节中将介绍三种最基础的图像插值算法。

（1）最近邻插值法：是一种最简单的插值算法，将输出图像中的点对应到输入图像中后，按照四舍五入法找到最相邻的整数坐标，以其像素值作为插值后的像素值。

设$(i+u, j+v)$（其中，i、j 为正整数，u、v 为区间$[0, 1)$内的小数）为输出图像中点 Q 的坐标经过变换后得到的输入图像中点 P 的坐标，P 点像素值为 $f(i+u, j+v)$，其在输入图像中的位置关系如图 4.13 所示。

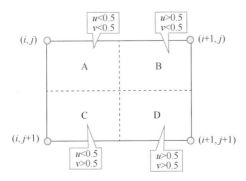

图 4.13　最近邻插值法

若点 P 落在 A 区，即 $u<0.5$、$v<0.5$，则利用最近邻插值法得到点 P 的像素值为距离最近的点(i,j)的像素值 $f(i,j)$；同理，若点 P 落在 B 区，则其像素值为 $f(i+1,j)$；若点 P 落在 C 区，则其像素值为 $f(i,j+1)$；若点 P 落在 D 区，则其像素值为 $f(i+1,j+1)$。

最近邻插值法得到的图像质量不高，放大后的图像有很严重的马赛克，缩小后的图像有很严重的失真。其根源在于最近邻插值法引入了严重的图像失真，如果输出图像中某点的像素值根据输入图像中周围四个真实的点按照一定规律计算，能达到更好的效果。

最近邻插值法实现程序如下。

```
import cv2
import numpy as np
#最近邻插值算法函数
def Nearest(img, s_height, s_width, channels):
    out_img = np.zeros(shape =( s_height, s_width, channels ), dtype = np.uint8 )
     for i in range( 0, s_height ):
      for j in range( 0, s_width ):
            row = ( i / s_height ) * img.shape[0]
            col = ( j / s_width ) * img.shape[1]
            out_row =  round ( row )
            out_col = round( col )
            #修正输出图像的边界
            if out_row == img.shape[0] or out_col == img.shape[1]:
                out_row -= 1
                out_col -= 1

            out_img[i][j] = img[out_row][out_col]   #最近邻像素值赋值

    return out_img


img=cv2.imread('d:\baihe.jpg')
height,width,channels=img.shape    #获取输入图像尺寸
s_height = height + 300     #插值后的图像高度
s_width = width + 300        #插值后的图像宽度
print( s_height, s_width,channels)
out_img =Nearest(img,s_height, s_width, channels)
cv2.imshow('image',img)
cv2.imshow('nearest neighbor', out_img)
```

为突出算法效果，选择 64 像素×64 像素的小图像作为输入图像，定义插值后输出图像尺寸为 364 像素×364 像素，最近邻插值法程序运行结果如图 4.14 所示，马赛克较明显。

图 4.14　最近邻插值法程序运行结果

（2）双线性插值法：是一种比较好的算法，它利用输入图像中虚拟点四周的四个真实点的像素值共同决定输出图像中对应点的像素值，图像效果比简单的最近邻插值法要好得多。

对于输出图像中的点 Q，假设坐标通过反向变换得到输入图像中点 P 的浮点坐标为$(i+u,$ $j+v)$，其中，i、j 均为非负整数，u、v 为区间$[0, 1)$内的小数，则点 Q 的像素值 $f(i+u, j+v)$可由输入图像中对应虚拟点周围的坐标为(i, j)、$(i+1, j)$、$(i, j+1)$、$(i+1, j+1)$的四个像素值决定，即

$$f(i+u, j+v) = (1-u)(1-v)f(i,j) + (1-u)vf(i,j+1) + u(1-v)f(i+1,j) + uvf(i+1,j+1) \tag{4-8}$$

双线性插值法的计算量较大。

双线性插值法的实现程序如下。

```python
import cv2
import numpy as np

def Bilinear( img, bigger_height, bigger_width, channels ):
    out_img = np.zeros( shape = ( s_height, s_width, channels ),
            dtype = np.uint8 )
    for i in range( 0, s_height ):
        for j in range( 0, s_width ):
            row = ( i / s_height ) * img.shape[0]
            col = ( j / s_width ) * img.shape[1]
            row_int = int( row )
            col_int = int( col )
            u = row - row_int
            v = col - col_int
            if row_int == img.shape[0]-1 or col_int == img.shape[1]-1:
                row_int -= 1
                col_int -= 1
```

```
            out_img[i][j] = (1-u)*(1-v) *img[row_int][col_int]
                            +(1-u)*v*img[row_int][col_int+1]
                            + u*(1-v)*img[row_int+1][col_int]
                            + u*v*img[row_int+1][col_int+1]


    return out_img

img=cv2.imread('d:\baihe.jpg')
height,width,channels=img.shape
s_height = height + 300
s_width = width + 300
out_img=Bilinear(img,s_height, s_width, channels)
cv2.imshow("image",img)
cv2.imshow("Bilinear output",out_img)
```

双线性插值法程序运行结果如图 4.15 所示。在与最近邻插值法相同的实验条件下，使用该方法插值后的输出图像质量较高，不会出现像素不连续的情况。但该方法进行插值时实际上具有低通滤波的性质，损失部分高频分量，使图像轮廓在一定程度上变得模糊。

图 4.15　双线性插值法程序运行结果

（3）双三次卷积法：能够克服以上两种算法的不足，通常用于图像处理软件、打印机驱动程序和数字照相机，对原图像或原图像的某些区域进行放大。输出图像中一个浮点 $(i+u, j+v)$ 的像素值是由其邻近的 16 个近邻点的像素值加权平均得到的，精确度较高，但计算量大，运行速度较慢。

双三次卷积法利用三次多项式 $S(x)$ 逼近理论上最佳插值函数 $\sin(x)/x$，根据其不同的数学表达式可分为三角插值法、Bell 分布插值法、B 样条曲线插值法。要想求输出图像中点 Q 的像素值，必须先找出其在输入图像中对应的点 $P(i+u, j+v)$，其中 i、j 均为非负整数，u、v 为区间$[0, 1)$中的小数，再根据点 $P(x, y)$ 最近的 4×4 个像素作为计算输出图像 Q 点像素值的参数，利用基函数 Bicubic 求出 16 个像素的权重，Q 点像素值 $f(i+u, j+v)$ 就等于 16 个像素值的加权平均数，如图 4.16 所示。

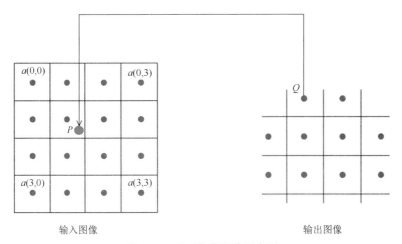

图 4.16　双三次卷积法示意图

双三次卷积法实现程序如下。

```python
import cv2
import numpy as np
def Bicubic_Bell( num ):
    if -1.5 <= num <= -0.5:
        return -0.5 * ( num + 1.5) ** 2
    if -0.5 < num <= 0.5:
        return 3/4 - num ** 2
    if 0.5 < num <= 1.5:
        return 0.5 * ( num - 1.5 ) ** 2
    else:
        return 0


def Bicubic (img, s_height, s_width, channels ):
    out_img = np.zeros( shape = ( s_height, s_width, channels ),
              dtype = np.uint8 )
    for i in range( 0, s_height ):
        for j in range( 0, s_width ):
            row = ( i / s_height ) * img.shape[0]
            col = ( j / s_width ) * img.shape[1]
            row_int = int( row )
            col_int = int( col )
            u = row - row_int
            v = col - col_int
            tmp = 0
            for m in range( -1, 3 ):
                for n in range( -1, 3 ):
```

```
            if ( row_int + m ) < 0 or (col_int+n) < 0
                or ( row_int + m ) >= img.shape[0]
                or (col_int+n) >= img.shape[1]:
                row_int = img.shape[0] - 1 - m
                col_int = img.shape[1] - 1 - n

            numm = img[row_int + m][col_int+n] * Bicubic_Bell( m-u )
                    * Bicubic_Bell( n-v )
            tmp += np.abs( np.trunc( numm ) )

        out_img[i][j] = tmp
    return out_img

img=cv2.imread('d:\baihe.jpg')
height,width,channels=img.shape
s_height = height + 300
s_width = width + 300
out_img=Bicubic(img,s_height, s_width, channels)
cv2.imshow("image",img)
cv2.imshow("Bicubic output",out_img)
```

双三次卷积法程序运行结果如图 4.17 所示。

图 4.17 双三次卷积法程序运行结果

在实验条件相同的情况下，最近邻插值法得到的结果锯齿形边较为明显，效果较其他两种算法差；双三次卷积法得出的图像较好保留了图像的细节，参与计算输出点的像素值的拟合点个数越多，效果越精确，当然计算复杂度越高，耗时也越长；最近邻插值法和双线性插值法的计算速度在此次图像处理中相差无几。因此，采用哪种图像插值方法需要在耗时与图像质量之间折中考虑。

4.2　图像的离散傅里叶变换

傅里叶变换是非常重要的数学分析工具，也是一种非常重要的信号处理方法，在图像处理中，它也是一类应用最为广泛的正交变换。图像增强、图像恢复、图像压缩、图像分析与描述等每一种图像处理手段和方法都可以应用傅里叶变换。

1807 年，傅里叶提出了傅里叶级数的概念，即任何一个周期信号均可以分解为复正弦信号的叠加。1822 年，他又提出了傅里叶变换。傅里叶变换是一种常用的正交变换，理论完善，应用范围广。在数字图像处理中，可用它完成图像分析、图像增强及图像压缩等。

傅里叶变换主要分为连续傅里叶变换和离散傅里叶变换（Discrete Fourier Transform，DFT），在数字图像处理中经常用到的是二维离散傅里叶变换。

从数学角度上看，傅里叶变换将一个图像函数转换为一系列周期函数来处理；从物理角度上看，傅里叶变换将图像从空间域转换到频域，其逆变换是将图像从频域转换到空间域。换句话说，傅里叶变换的物理意义是将图像的灰度分布函数变换为图像的频率分布函数。实际上对图像进行二维离散傅里叶变换得到的频谱图，就是图像梯度的分布图。傅里叶频谱图上看到的明暗不一的点，是图像上某一点与周围邻域点的差异，即梯度的大小，即该点的频率大小。若频谱图中的暗点多，则实际空间域图像是比较柔和的；反之，若频谱图中的亮点多，则实际空间域图像是边界分明且边界两边像素差异较大的。

本节首先介绍连续傅里叶变换，然后介绍离散傅里叶变换及其性质，最后介绍图像二维离散傅里叶变换的 Python 实现。

4.2.1　连续傅里叶变换

若 $f(x)$ 为实变量 x 的连续函数，则其傅里叶变换可定义为

$$F\{f(x)\} = F(u) = \int_{-\infty}^{+\infty} f(x)e^{-j2\pi ux}dx \tag{4-9}$$

若已知 $F(u)$，则其傅里叶逆变换定义为

$$f(x) = F^{-1}\{F(u)\} = \int_{-\infty}^{+\infty} F(u)e^{j2\pi ux}du \tag{4-10}$$

这里的函数 $f(x)$ 必须满足只有有限个间断点、有限个极值和绝对可积三个条件。傅里叶变换和傅里叶逆变换的区别是幂的符号。对于任意一个函数 $f(x)$，其傅里叶变换 $F(u)$ 都是唯一的，反之亦然。通常，函数 $f(x)$ 是实函数，傅里叶变换 $F(u)$ 是复函数，由实部和虚部构成。

$F(u)$ 的实部定义为

$$R(u) = \int_{-\infty}^{+\infty} f(x)\cos(2\pi ux)dx \tag{4-11}$$

$F(u)$ 的虚部定义为

$$I(u) = \int_{-\infty}^{+\infty} f(x)\sin(2\pi ux)dx \tag{4-12}$$

$F(u)$ 的振幅定义为

$$|F(u)| = \sqrt{R^2(u) + I^2(u)} \tag{4-13}$$

$F(u)$ 的能量定义为

$$E(u) = |F(u)|^2 = R^2(u) + I^2(u) \tag{4-14}$$

$F(u)$的相位定义为

$$\varphi(u) = \arctan \frac{I(u)}{R(u)} \qquad (4\text{-}15)$$

一维连续傅里叶变换可以很容易地推广到二维。设函数 $f(x, y)$ 是连续可积的，且 $F(u, v)$ 可积，则二维连续傅里叶变换定义为

$$F(u, v) = \int_{-\infty}^{+\infty} \int_{-\infty}^{+\infty} f(x, y) \mathrm{e}^{-\mathrm{j}2\pi(ux+vy)} \mathrm{d}x\mathrm{d}y \qquad (4\text{-}16)$$

二维连续傅里叶逆变换定义为

$$f(x, y) = \int_{-\infty}^{+\infty} \int_{-\infty}^{+\infty} F(u, v) \mathrm{e}^{\mathrm{j}2\pi(ux+vy)} \mathrm{d}u\mathrm{d}v \qquad (4\text{-}17)$$

4.2.2　离散傅里叶变换

由于计算机能处理的数据为离散数据，因此，连续函数的傅里叶变换在计算机上无法直接使用。为了能在计算机上实现数字图像的傅里叶变换，必须将连续函数离散化。

离散傅里叶变换指对离散函数进行傅里叶变换。离散函数的傅里叶变换在数字信号处理和数字图像处理中的应用十分广泛，它让数学方法与计算机建立了联系，拓宽了傅里叶变换的应用领域。

若对连续函数 $f(x)$ 进行等间隔采样，则可将连续函数离散化。被采样函数的离散傅里叶变换定义为

$$F(u) = \frac{1}{N} \sum_{x=0}^{N-1} f(x) \mathrm{e}^{-\frac{\mathrm{j}2\pi ux}{N}}, \quad u = 0, 1, 2, \cdots, N-1 \qquad (4\text{-}18)$$

离散傅里叶逆变换定义为

$$f(x) = \sum_{x=0}^{N-1} F(u) \mathrm{e}^{\frac{\mathrm{j}2\pi ux}{N}}, \quad x = 0, 1, 2, \cdots, N-1 \qquad (4\text{-}19)$$

同理，将离散傅里叶变换扩展到二维情况，可得二维离散傅里叶变换定义为

$$F(u, v) = \frac{1}{MN} \sum_{x=0}^{M-1} \sum_{x=0}^{N-1} f(x, y) \exp\left[-\mathrm{j}2\pi \left(\frac{ux}{M} + \frac{vy}{N} \right) \right] \qquad (4\text{-}20)$$

式中，$u = 0, 1, 2, \cdots, M-1$，$v = 0, 1, 2, \cdots, N-1$。

二维离散傅里叶逆变换定义为

$$F(u, v) = \frac{1}{MN} \sum_{x=0}^{M-1} \sum_{x=0}^{N-1} f(x, y) \exp\left[-\mathrm{j}2\pi \left(\frac{ux}{M} + \frac{vy}{N} \right) \right] \qquad (4\text{-}21)$$

式中，$u = 0, 1, 2, \cdots, M-1$，$v = 0, 1, 2, \cdots, N-1$。

一维离散函数和二维离散函数的傅里叶频谱、能量和相位谱也分别与连续傅里叶变换相似，唯一区别是独立变量是离散的。

数字图像可以看作由离散化的像素组成，可以使用二维离散傅里叶变换。数字图像的二维离散傅里叶变换结果中频率成分分布示意图如图 4.18 所示。变换结果的左上、右上、左下、右下四个角的周围对应于低频成分，中央部位对应于高频成分。为使直流成分出现在变换结果的中央，可采用图示的换位方法。但是换位后的数组要想进行逆变换，必须先将频率图恢复到初始变换状态，再进行逆变换得到原图像。

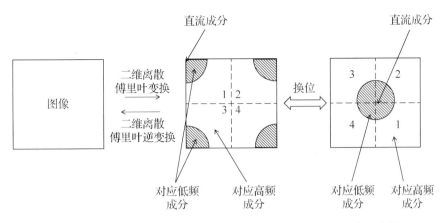

图 4.18　数字图像的二维离散傅里叶变换结果中频率成分分布示意图

一般来说，对一幅图像进行傅里叶变换的运算量很大，因此一般不直接利用公式计算，而是采用快速傅里叶变换法，这样可以大大减少计算量。

4.2.3　离散傅里叶变换的性质

由离散傅里叶变换的定义可以看出，其建立了函数在空间域与频域之间的转换关系，把空间域难以显现的特征在频域中十分清楚地显现出来。二维离散傅里叶变换与二维连续傅里叶变换有相似的性质。

（1）可分离性：由二维离散函数 $f(x,y)$ 的傅里叶变换公式可知，二维离散傅里叶变换可通过分离成两次一维离散傅里叶变换来完成，即先沿 $f(x,y)$ 的列方向求一维离散傅里叶变换得到 $F(x,v)$，再对 $F(x,v)$ 沿行方向求一维离散傅里叶变换得到 $F(u,v)$。上述过程也可以先沿行方向进行一维离散傅里叶变换，再沿列方向进行一维离散傅里叶变换，其结果不变。二维离散傅里叶逆变换的分离过程与二维离散傅里叶变换分离过程类似。

（2）周期性和共轭对称性：离散傅里叶变换和离散傅里叶逆变换的周期性说明离散傅里叶变换得到的 $F(u,v)$ 或离散傅里叶逆变换得到的 $f(x,y)$ 都是周期为 N 的周期性离散函数。因此，只需根据在任意周期内的 N 个值就可以由 $F(u,v)$ 得到 $f(x,y)$。在空间域中，$f(x,y)$ 也有类似的性质。

离散傅里叶变换的共轭对称性可以表示为

$$F(u,v) = F^*(-u,-v)$$
$$\left| F(u,v) \right| = \left| F^*(-u,-v) \right|$$

（4-22）

离散傅里叶变换的共轭对称性说明变换后离散傅里叶变换的幅值是以原点为中心对称的。利用此特性，在求离散傅里叶变换一个周期内的幅值时，只需求出半个周期，另外半个周期通过对称可得，大大减少了计算量。

（3）平移性：离散傅里叶变换的平移性是指，实函数 $f(x,y)$ 乘以一个指数项，相当于把二维离散傅里叶变换 $F(u,v)$ 的频域中心移动到新的位置。类似地，将复函数 $F(u,v)$ 乘以一个指数项，就相当于把其二维离散傅里叶逆变换 $f(x,y)$ 的空间域中心移动到新的位置。这个性质不影响离散傅里叶变换的幅值，即

$$f(x,y)\exp\left[j2\pi(u_0 x + v_0 y)/N \right] \Leftrightarrow F(u-u_0, v-v_0)$$

（4-23）

$$f\left(x-x_0, y-y_0\right) \Leftrightarrow F(u,v)\exp\left[-\mathrm{j}2\pi\left(u_0 x + v_0 y\right)/N\right] \tag{4-24}$$

（4）旋转不变性：引入极坐标，令

$$\begin{cases} x = r\cos\theta \\ y = r\sin\theta \end{cases} \begin{cases} u = \omega\cos\varphi \\ v = \omega\sin\varphi \end{cases} \tag{4-25}$$

则 $f(x, y)$ 和 $F(u, v)$ 可分别表示为 $f\left(r, \theta\right)$ 和 $F(\omega, \varphi)$，此时有

$$f\left(r, \theta + \theta_0\right) \Leftrightarrow F\left(\omega, \varphi + \theta_0\right) \tag{4-26}$$

式（4-26）表明，若 $f\left(r, \theta\right)$ 在空间域旋转角度 θ_0，则其对应的离散傅里叶变换在频域上也旋转同一角度 θ_0。

（5）分配律：根据离散傅里叶变换的定义可得

$$F\left\{f_1\left(x,y\right) + f_2\left(x,y\right)\right\} = F\left\{f_1\left(x,y\right)\right\} + F\left\{f_2\left(x,y\right)\right\} \tag{4-27}$$

这表明离散傅里叶变换和离散傅里叶逆变换满足加法分配律，但不满足乘法分配律，即

$$F\left\{f_1\left(x,y\right) \cdot f_2\left(x,y\right)\right\} \neq F\left\{f_1\left(x,y\right)\right\} \cdot F\left\{f_2\left(x,y\right)\right\} \tag{4-28}$$

（6）线性和比例性：若 a、b 为常数，函数 $f_1(x,y)$ 的离散傅里叶变换为 $F_1(u,v)$，函数 $f_2(x,y)$ 的离散傅里叶变换为 $F_2(u,v)$，则函数 $af_1(x,y)+bf_2(x,y)$ 的离散傅里叶变换为 $aF_1(u,v)+bF_2(u,v)$。此性质可以缩短求解离散傅里叶变换的时间。

若 a 和 b 是标量，函数 $f(x, y)$ 的离散傅里叶变换为 $F(u, v)$，则离散傅里叶变换的比例性为

$$f\left(ax, by\right) \Leftrightarrow \frac{1}{|ab|} F\left(\frac{u}{a}, \frac{v}{b}\right) \tag{4-29}$$

离散傅里叶变换的比例性说明，空间域比例尺度的展宽对应于频域比例尺度的压缩，其幅值也变为原来的 $\frac{1}{|ab|}$。

（7）平均值：二维离散函数 $f(x, y)$ 的平均值定义为

$$\overline{f}\left(x, y\right) = \frac{1}{MN}\sum_{x=0}^{M-1}\sum_{x=0}^{N-1} f\left(x, y\right) \tag{4-30}$$

根据二维离散傅里叶变换的定义，可得，当 $u=v=0$ 时，有

$$F(0,0) = \frac{1}{MN}\sum_{x=0}^{M-1}\sum_{x=0}^{N-1} f\left(x, y\right) \tag{4-31}$$

所以有

$$\overline{f}\left(x, y\right) = F\left(0, 0\right) \tag{4-32}$$

这表明，$f(x, y)$ 的平均值等于其离散傅里叶变换 $F(u, v)$ 在频域原点的值 $F(0,0)$。

（8）离散卷积定理：如果二维离散函数 $f(x, y)$ 和 $h(x, y)$ 的离散傅里叶变换分别为 $F(u, v)$ 和 $H(u, v)$，则 $f(x, y)$ 和 $h(x, y)$ 之间的卷积可以通过其离散傅里叶变换来计算，即

$$\mathrm{DFT}\left[f\left(x,y\right) * h\left(x,y\right)\right] = F\left(u,v\right)H\left(u,v\right) \tag{4-33}$$

除了上述提到的性质，离散傅里叶变换还有其他性质，可以用于特定的图像处理，本书不再详细列出。

另外，快速傅里叶变换（FFT）算法是在研究离散傅里叶变换的基础上形成的，可以大大缩减计算量从而达到快速计算的目的。由于篇幅限制，本书不再详细介绍。在具体应用中，读者可以针对具体的图像处理过程查阅相关文献。

4.2.4　图像二维离散傅里叶变换的 Python 实现

基于 Python 语言实现离散傅里叶变换并不是直接利用公式完成的，而是利用 NumPy 的 fft 模块中的二维离散傅里叶变换函数 fft2 实现的，输入为一张灰度图像，输出为快速傅里叶变换的结果。若想进行可视化操作，则要考虑以下两个因素：一是快速傅里叶变换的结果是复数，通常用函数 abs 求其绝对值；二是傅里叶频谱范围很大，通常要用对数变换来改善视觉效果。

图像的二维离散傅里叶变换实现程序如下。

```
import cv2
import numpy as np
from matplotlib import pyplot as plt

img = cv2.imread('d:\baihe.jpg', 0)
#由快速傅里叶变换算法得到频率分布
f = np.fft.fft2(img)

#默认 fft 算法的坐标原点在图像的左上角,调用函数 fftshift()将其移到中间位置
fshift = np.fft.fftshift(f)

#可视化,将 fft 的结果先取绝对值再取对数
fimg = np.log(np.abs(fshift))

#结果展示
plt.subplot(121), plt.imshow(img,'gray'), plt.title('Input Image')
plt.axis('off')
plt.subplot(122), plt.imshow(fimg, 'gray'), plt.title('FFT Image')
plt.axis('off')
plt.show()
```

图像二维离散傅里叶变换程序运行结果如图 4.19 所示。

图 4.19　图像二维离散傅里叶变换程序运行结果

4.3 图像的离散余弦变换

离散傅里叶变换包含复数运算，即使可以使用快速傅里叶变换提高运算速度，但仍不利于实际的图像处理与实时应用。离散余弦变换是与离散傅里叶变换相关的一种变换。由离散傅里叶变换公式可以看出，实偶函数的离散傅里叶变换只含实数部分的余弦项，因此构造了一种实数域的变换——离散余弦变换。

研究发现，离散余弦变换还可以很方便地展示人类视觉系统及听觉系统对于图像信号及语音信号的某些特性，是一种最佳变换。对原图像进行离散余弦变换，变换后的离散余弦变换系数能量主要集中在左上角，其余大部分离散余弦变换系数接近于零，离散余弦变换具有适用于图像压缩的特性。在常见的 JPEG 静态编码及 MPEG（Moving Picture Experts Group，动态图像专家组）动态编码等标准中都将离散余弦变换作为一个基本的图像处理模块。

4.3.1 一维离散余弦变换

若函数 $f(x)$，$x=0, 1, 2, \cdots, N-1$ 为长度为 N 的离散序列，则一维离散余弦变换的定义为

$$F(0) = \frac{1}{\sqrt{N}} \sum_{x=0}^{N-1} f(x) \tag{4-34}$$

$$F(u) = \sqrt{\frac{2}{N}} \sum_{x=0}^{N-1} f(x) \cos \frac{2(x+1)u\pi}{2N} \tag{4-35}$$

式中，$u=1, 2, \cdots, N-1$，$x=0, 1, 2, \cdots, N-1$。

一维离散余弦逆变换定义为

$$f(x) = \sqrt{\frac{1}{N}} F(u) + \sqrt{\frac{2}{N}} \sum_{x=0}^{N-1} F(u) \cos \frac{2(x+1)u\pi}{2N} \tag{4-36}$$

4.3.2 二维离散余弦变换

将一维离散余弦变换扩展到二维离散余弦变换，即

$$F(u,v) = \frac{1}{\sqrt{MN}} c(u)c(v) \sum_{x=0}^{M-1} \sum_{y=0}^{N-1} f(x,y) \cdot \cos \frac{(2x+1)u\pi}{2M} \cos \frac{(2y+1)v\pi}{2N} \tag{4-37}$$

式中，$c(u) = \begin{cases} \dfrac{1}{\sqrt{2}} & (u,v=0) \\ 1 & （其他） \end{cases}$。

二维离散余弦逆变换定义为

$$f(x,y) = \frac{2}{\sqrt{MN}} c(u)c(v) \sum_{x=0}^{M-1} \sum_{y=0}^{N-1} F(u,v) \cdot \cos \frac{(2x+1)u\pi}{2M} \cos \frac{(2y+1)v\pi}{2N} \tag{4-38}$$

式中，$c(u) = \begin{cases} \dfrac{1}{\sqrt{2}} & (u,v=0) \\ 1 & （其他） \end{cases}$。

离散余弦变换实际上是离散傅里叶变换的实数部分，但是它比离散傅里叶变换有更强的

信息集中能力。对于大多数自然图像，离散余弦变换能将主要的信息放到较少的离散余弦变换系数上去，因此能提高编码效率。

4.3.3　图像二维离散余弦变换的 Python 实现

在 Python-OpenCV 环境中，采用函数 cv2.dct()进行图像的离散余弦变换，采用函数 cv2.idct()进行图像的离散余弦逆变换。

对图像进行二维离散余弦变换，并通过二维离散余弦逆变换复原图像，具体实现程序如下。

```python
import cv2
import numpy as np
from matplotlib import pyplot as plt
#读取图像
img = cv2.imread('d:\baihe.jpg', 0)
print(img.shape )    #打印尺寸
img_1= np.float32(img) #将数值精度调整为dct变换所需的32位浮点型
img_dct=cv2.dct(img_1)
img1 = np.uint8(img_dct) #为了显示图像，将图像数据调整为0~255中的数
print(img_dct.shape )
img_2 = cv2.idct(img_dct)#二维离散余弦逆变换,恢复图像
#展示结果
plt.subplot(131), plt.imshow(img,'gray'), plt.title('Input Image')
plt.axis('off')
plt.subplot(132),plt.imshow(img1,'gray'),plt.title('DCTs')
plt.axis('off')
plt.subplot(133),plt.imshow(img_2,'gray'), plt.title('IDCT Image')
plt.axis('off')
plt.show()
```

在程序中，首先读入图像，然后采用函数 dct2()对图像进行二维离散余弦变换。图像二维离散余弦变换程序运行结果如图 4.20 所示。在图 4.20 中，图 4.20（a）为原图像，图 4.20（b）为二维离散余弦变换系数，图 4.20（c）为二维离散余弦逆变换恢复的图像。

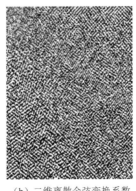

（a）原图像　　　　　　　（b）二维离散余弦变换系数　　　　（c）二维离散余弦逆变换结果

图 4.20　图像二维离散余弦变换程序运行结果

4.4　本章小结

　　本章主要介绍了数字图像处理中重要的图像变换技术。图像空间域的几何变换有平移、镜像、缩放、转置、旋转和插值等。图像频域的变换有傅里叶变换与傅里叶逆变换、离散余弦变换与离散余弦逆变换。傅里叶变换与傅里叶逆变换部分，主要介绍连续傅里叶变换和离散傅里叶变换的基本定义，以及离散傅里叶变换的性质，即可分离性、周期性和共轭对称性、平移性、旋转不变性、分配律、线性和比例性、平均值、离散卷积定理，并且介绍了图像二维离散傅里叶变换的 Python 实现。离散余弦变换和离散余弦逆变换部分，介绍了一维离散余弦变换和二维离散余弦变换基本定义、图像二维离散余弦变换的 Python 实现。在之后的内容中会进一步介绍以上图像变换技术的实际应用。

习题

　　1．图像的几何变换具体包括哪些操作？图像几何变换的实质是什么？

　　2．在图像处理系统中，图像的频域处理有哪些特点？

　　3．简述离散傅里叶变换的性质。

　　4．简述与离散傅里叶变换相比，离散余弦变换有哪些优越性？

　　5．操作题：选择一幅图像，编写程序实现图像的二维离散余弦变换与二维离散余弦逆变换，分析离散余弦变换系数分布的特点。

第5章 图 像 增 强

数字图像在获取、传输、使用过程中，不可避免地会受到诸多因素的影响，造成图像质量降低。例如，图像生成过程中可能会受到光源条件、数字成像系统性能的影响，图像传输过程中可能会受到网络带宽、噪声等因素的影响，从而出现清晰度、对比度降低等图像质量降低现象。

图像增强根据具体应用突出图像中的"有用"信息，削弱不需要的"无用"信息的原理，放大图像中不同特征间的差别。图像增强的作用就是抑制图像噪声、改善图像的"视觉质量"（包括人和计算机的"视觉"），以便后续对图像进行分析和处理。

5.1 图像增强分类

按处理对象的不同，图像增强可分为灰度图像增强和彩色图像增强。本书主要介绍灰度图像增强。

按作用域的不同，图像增强可分为空间域增强和频域增强。空间域增强直接对图像像素进行处理；频域增强先对图像某个变换的系数进行处理，再通过逆变换获得图像增强处理后的图像。

5.1.1 空间域增强

基于空间域增强的算法分为点运算算法和邻域增强算法。

点运算算法将每个像素的灰度值按照一定的数学公式转换为一个新的灰度值。常用算法包括直接灰度变换法、基于直方图的灰度变换法等，该部分内容分别在 5.2 节和 5.3 节中介绍。该类算法的目的是使图像成像均匀、扩大图像动态范围、扩展对比度。

邻域增强算法分为图像平滑和图像锐化两种。图像平滑一般用来消除图像噪声，但是也容易引起边缘的模糊，常用算法有均值滤波、中值滤波；图像锐化的目的在于突出物体的边缘轮廓，便于目标识别，常用算法有微分算子算法，该部分内容将在 5.4 节中介绍。

5.1.2 频域增强

频域增强先对图像进行频域变换，获得图像在频域中的表示，对图像的频域变换系数进行操作，再经逆变换获得所需的图像增强结果。频域增强的常用方法包括低通滤波、高通滤波、带通滤波、带阻滤波、同态滤波等。图像平滑与图像锐化也可以在频域中进行，该部分内容将在 5.5 节中介绍。

5.2 直接灰度变换法

数字图像亮度的最大值与最小值之比称为对比度。由于成像系统的限制，可能出现因对比度不足而造成视觉效果较差的现象。灰度变换可以使图像的亮度动态范围增大，增加图像的对比度，使图像更清晰，是空间域增强的常用方法之一。

灰度变换是基于图像像素操作的图像增强方法，将每一个像素的灰度值按照一定的数学公式转换为一个新的灰度值。基于灰度变换的图像增强方法较多，常用的直接灰度变换法有线性变换和非线性变换。

5.2.1 线性变换

线性变换可以分为全段线性变换和分段线性变换。

1. 全段线性变换

全段线性变换又称为线性灰度变换，是将输入图像灰度值的动态范围按某种线性关系（一个斜率变换值）变换至指定的灰度范围。

对于常见的 8 位灰度图像而言，最大动态范围为[0, 255]。全段线性变换可提高图像的质量。

设原图像像素(m, n)的灰度值$f(m, n)$在灰度范围$[a, b]$内，经过线性变换后的灰度值$g(m, n)$在灰度范围$[c, d]$内，则变换关系式为

$$g(m, n) = k\left[f(m, n) - a\right] + c \tag{5-1}$$

式中，$k = \dfrac{d-c}{b-a}$为变换函数（直线）的斜率。

根据$[a, b]$和$[c, d]$的取值范围，k的取值包括$k>0$和$k<0$，分别如图 5.1（a）和 5.1（b）所示。讨论以下几种情况：

（1）扩展动态范围：若$[a, b] \subseteq [c, d]$，则$k>1$，变换后的图像灰度值的动态范围会变宽，可改善图像曝光不足的缺陷，或充分利用图像显示设备的动态范围。

（2）改变取值区间：若$d-c=b-a$，则$k=1$，变换后的图像灰度值的动态范围不变，但灰度值区间会随着a和c的大小而平移。

（3）缩小动态范围：若$[c, d] \subseteq [a, b]$，则$0<k<1$，变换后的图像灰度值的动态范围会变窄。

（4）灰度值反转：若$b>a$但$d<c$，则$k<0$，变换后的图像灰度值会反转，即原来明亮的位置会变暗，原来较暗的位置会变得明亮。

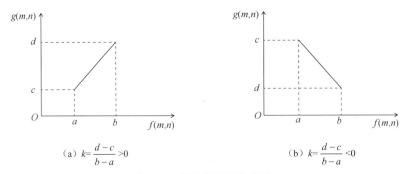

（a）$k=\dfrac{d-c}{b-a}>0$ （b）$k=\dfrac{d-c}{b-a}<0$

图 5.1　灰度线性变换关系

2. 分段线性变换

有一种情况会经常出现，即图像的整个灰度范围$[e, f]$比较宽，但视觉感兴趣区或大部分

的像素的灰度值区间范围[a, b]却很窄。此时，可以采用分段线性变换扩展感兴趣区的灰度值区间[a, b]。这种变换可以使图像中"有用"信息的灰度值范围得到扩展，增强对比度；而"无用"信息（如噪声）的灰度被压缩到端部较小的范围内。

常见的分段线性变换方法有以下两种变换关系。

（1）分段抑制变换。

该变换主要是扩展感兴趣区的灰度值空间，牺牲其他部分的灰度值空间。对于感兴趣区的灰度值区间[a, b]，采用斜率大于 1 的线性变换扩展到灰度值区间[c, d]内；其他灰度值区间用 c 或 d 来表示，效果如图 5.2（a）所示。变换关系式为

$$g(m,n)=\begin{cases} c & (f(m,n)<a) \\ c+\dfrac{d-c}{b-a}\big[f(m,n)-a\big] & (a\leqslant f(m,n)\leqslant b) \\ d & (f(m,n)>b) \end{cases} \tag{5-2}$$

（2）分段压缩变换。

该变换主要为了扩展感兴趣区的灰度值空间，压缩其他部分的灰度值空间。对扩展感兴趣区的灰度值区间[a, b]，采用斜率大于 1 的线性变换扩展到灰度值区间[c, d]内；采用斜率小于 1 的线性变换压缩其他灰度值区间，以此保留其他区间的灰度层次，效果如图 5.2（b）所示。变换关系式为

$$g(m,n)=\begin{cases} \dfrac{c}{a}f(m,n) & (0\leqslant f(m,n)<a) \\ c+\dfrac{d-c}{b-a}\big[f(m,n)-a\big] & (a\leqslant f(m,n)\leqslant b) \\ d+\dfrac{N-d}{M-b}\big[f(m,n)-b\big] & (b<f(m,n)\leqslant M) \end{cases} \tag{5-3}$$

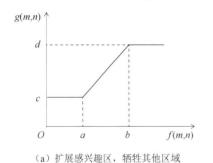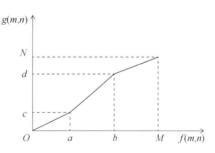

（a）扩展感兴趣区，牺牲其他区域　　　　　　（b）扩展感兴趣区，压缩其他区域

图 5.2　灰度分段线性变换关系

3．基于 Python 软件的线性变换图像增强实现

主要函数：

扩展动态范围：img.reshape(矩阵)。

像素取反：cv.bitwise_not(输入图像)。

合并函数：np.hstack((图像 1,图像 2))。

参数说明：

（1）矩阵：高度、宽度。

（2）输入图像：函数 cv2.imread()的返回值。

运行程序：

```
import cv2 as cv
import numpy as np
import matplotlib.pyplot as plt

#扩展动态范围
def grayHist(img):
    h, w = img.shape[:2]
    pixelSequence = img.reshape([h * w, ])
    numberBins = 256

#像素取反
def get_img_reserve(img):
#直接调用反选函数
    dst = cv.bitwise_not(img)

img = cv.imread(r"tank.png", 0)
dst = cv.bitwise_not(img)
out = 2.0 * img
#进行数据截断，大于255的值设置为255
out[out > 255] = 255
#数据类型转换
out = np.around(out)
out = out.astype(np.uint8)

#取反和扩展动态范围合并在一起输出
result = np.hstack((out,dst))
cv.imshow("img", img)
cv.imshow("out", out)
cv.imshow('outputPicName',result)

cv.waitKey()
cv.waitKey()
cv.waitKey()
cv.waitKey()
cv.destroyAllWindows()
```

其中图像取反变换是灰度线性变换中的特殊情况，将原图像灰度值进行翻转，即将黑的变成白的、白的变成黑的。普通黑白照片和底片就是这种关系。反色变换的关系式为

$$g(x,y) = a - f(x,y) \tag{5-4}$$

式中，a 为图像灰度的最大值。线性变换示例如图 5.3 所示。

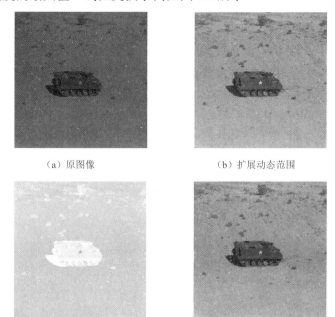

（a）原图像　　　　　　　　　　（b）扩展动态范围

（c）图像取反　　　　　　　　　　（d）有扩展，有压缩

图 5.3　线性变换示例

5.2.2　非线性变换

当图像灰度变换使用的变换关系变为某些非线性函数（如指数函数、对数函数、二次函数、阈值函数或几种非线性函数的组合等）时，图像灰度变换为非线性变换。本节介绍指数变换和对数变换两种最常见的非线性变换。

1. 指数变换

输出图像 $g(m, n)$ 与输入图像 $f(m, n)$ 的亮度值的关系为以 b 为底的指数形式，即

$$g(x, y) = b^{[f(x,y)]} \tag{5-5}$$

该变换用于压缩输入图像中低灰度区的对比度，扩展高灰度区的动态范围。指数变换曲线如图 5.4 所示。

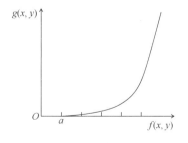

图 5.4　指数变换曲线

为了改变拉伸后的动态区间范围、修改曲线的起始位置或变化速率等，可加入一些调节参数，即

$$g(x,y) = b^{C[f(x,y) - a]} \tag{5-6}$$

式中，参数 a 可改变曲线的起始位置，参数 C 可改变曲线的变化速率，a、b、C 均为可选参数。

2. 对数变换

输出图像 $g(x, y)$ 与输入图像 $f(x, y)$ 的灰度值的关系为以 a 为底的对数形式，即

$$g(x,y) = \log_a \left[f(x,y) \right] \tag{5-7}$$

该变换用于压缩输入图像的高灰度区的对比度，扩展低灰度区的动态范围，使得图像的灰度分布趋于均匀。对数变换曲线如图 5.5 所示。

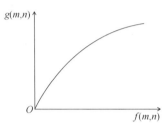

图 5.5 对数变换曲线

对数变换的一个典型应用就是傅里叶频谱，由于傅里叶频谱的范围很大，图像显示系统往往不能呈现出如此大的范围，造成很多细节在图像显示时丢失，这时采用对数变换，可以得到清晰的傅里叶频谱，如图 5.6 所示。

  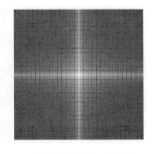

（a）原图像 　　　　　　（b）频移后的傅里叶频谱 　　　　　（c）对数变换后的傅里叶频谱

图 5.6 傅里叶频谱

为了增加变换的动态范围和灵活性，修改曲线的起始位置或变化速率等，可加入一些调节参数，即

$$g = a + \ln(f+1)/(b\ln c) \tag{5-8}$$

式中，a、b、c 均为可选参数；为避免对零求对数，对 f 取对数可改为对 $(f+1)$ 取对数。

3. 基于 Python 软件的非线性变换图像增强实现

运行程序：

```python
import numpy as np
import matplotlib.pyplot as plt
import cv2


#绘制对数变换曲线
```

```
def log_plot(c):
    x = np.arange(0, 256, 0.01)
    y = c * np.log(1 + x)
    plt.plot(x, y, 'r', linewidth=1)
    plt.rcParams['font.sans-serif']=['SimHei'] #正常显示中文标签
    plt.title('对数变换')
    plt.xlim(0, 255), plt.ylim(0, 255)
    plt.show()

#对数变换
def log(c, img):
    output = c * np.log(1.0 + img)
    output = np.uint8(output + 0.5)
    return output

#读取原图像
img = cv2.imread("4102.jpg")
#绘制对数变换曲线
log_plot(40)
#图像灰度值对数变换
output = log(40, img)
#显示图像
cv2.imshow('Input', img)
cv2.imshow('Output', output)
cv2.waitKey(0)
cv2.destroyAllWindows()
```

运行结果：对数变换的图像增强实验结果如图 5.7 所示。

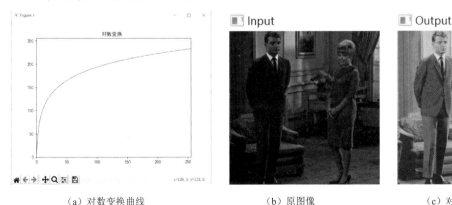

（a）对数变换曲线　　　　（b）原图像　　　　（c）对数变换后的图像

图 5.7　对数变换的图像增强实验结果

由实验结果可以看出，对于整体对比度偏低且灰度值偏低的图像，对数变换增强效果较好。

5.3 直方图修正法

基于灰度直方图的图像增强是空间域增强中的第二类灰度变换方法。图像的灰度直方图可以反映图像的明暗分布和对比度情况等特征，因此，可以通过修改灰度直方图的方法来调整一幅数字图像的灰度分布。常用的方法有直方图均衡化和直方图规定化等。

5.3.1 图像的灰度直方图

1. 灰度直方图定义

图像的灰度直方图是对图像像素中各灰度值出现的次数统计后的直观展示，是图像的基本统计特征之一。直方图的横坐标是图像像素的灰度值，用 r 表示；纵坐标是图像中出现该灰度值的像素个数或出现这个灰度级的概率 $P(k)$。

$$P(r_k) = \frac{n_k}{N} \tag{5-9}$$

式中，N 为当前图像中像素的总数，n_k 为第 k 级灰度值出现的个数，r_k 为第 k 个灰度级对应的灰度值，$P(r_k)$ 为该灰度级出现的概率。$P(r)$ 提供灰度值 r 出现概率的估计，所以直方图可以展示原图像的灰度值分布情况。

2. Python-OpenCV 中灰度直方图相关函数介绍

在 Python-OpenCV 中，生成图像灰度直方图相关的函数有 cv.calcHist()、np.histogram()、plt.hist()，其具体使用格式如下。

1）cv.calcHist()

使用格式：cv.calcHist(图像数据, 图像通道, 掩模, 直方图条数, 像素范围)。
参数说明：
（1）图像数据：输入图像为灰度图像，即函数 cv.cvtColor() 返回的图像数据。
（2）图像通道：选择图像通道。
（3）掩模：一个大小与 image 相同的二维数组，将需要处理的部分指定为 1，不需要处理的部分指定为 0，一般设置为 None，表示处理整幅图像。
（4）直方图条数：设置直方图条形数量，一般设置为 256。
（5）像素范围：设置像素值的范围，灰度图像范围为[0, 255]。
运行代码：

```
img = cv.imread('boat.jpg')
img_gray = cv.cvtColor(img, cv.COLOR_RGB2GRAY)
hist = cv.calcHist([img_gray], [0], None, [256], [0, 255])
plt.plot(hist)
plt.show()
```

运行结果：原图像如图 5.8（a）所示，实验结果如图 5.8（b）所示。

2）np.histogram()

使用格式：np.histogram(图像数据, 直方柱数量, 统计值范围, 权重, 概率密度)。

参数说明：

（1）图像数据：待统计灰度直方图的数据。

（2）直方柱数量：灰度直方图被分成多少份。

（3）统计值范围：一个长度为 2 的元组，表示统计范围的最小值和最大值，默认设置为 None，表示统计值范围由数据的范围决定。

（4）权重：数据的每个元素指定的权重值，默认设置为 None。

（5）概率密度：True 时返回每个区间的概率密度，False 时返回每个区间中元素个数。

运行程序：

```
hist,bins=np.histogram(img_gray,bins=256,density=False);
```

运行结果：实验结果如图 5.8（c）所示，与图 5.8（b）相同。

3）plt.hist()

参数说明：

该函数的作用是画出直方图，因其涉及画图个性化定制，参数较多，读者可自行查阅相关资料，部分参数与函数 cv.calcHist() 和函数 np.histogram() 的参数相同。

运行程序：

```
plt.hist(img_gray.ravel(), 256)
plt.title('hist')
```

运行结果：函数#ravel() 将数组维度拉成一维数组。

实验结果如图 5.8（d）所示。

（a）原图像

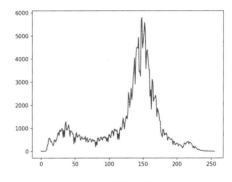

（b）灰度直方图 1

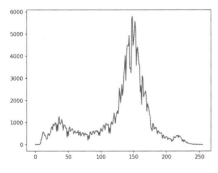

（c）灰度直方图 2

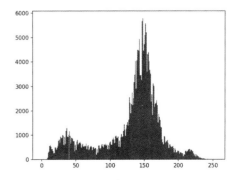

（d）灰度直方图 3

图 5.8　原图像及灰度直方图

3．灰度直方图的应用

图像灰度直方图的主要应用如下。

（1）图像数字化参数。

一般应该尽可能多地利用一幅图像全部的灰度级，灰度直方图可以直接判断一幅图像是否合理地利用了全部允许的灰度级范围。例如，在图像的数字化过程中，对超出处理显示能力的灰度值，会被置为 0 或 255，对应在灰度直方图的一端或两端会产生尖峰，因此，在图像数字化时需要对图像的灰度直方图进行检查。

（2）边界的阈值选取。

假设一幅图像具有浅色的背景、深色的前景（Foreground）物体，则图像灰度直方图具有两个峰值区域，两个峰值之间灰度级的像素数量较少，两个峰值之间会产生谷，合理选取其中的灰度值可以较好地分离灰度值较高区域和较低区域，利用类似的阈值选取方法，可以得到较好的图像二值化处理结果。相关内容将在本书第 7 章中介绍。

需要注意的是，灰度直方图仅能统计灰度值像素出现的概率，不能体现该像素在图像中的空间位置。一幅图像对应一幅灰度直方图，但一幅灰度直方图并不只对应一幅图像。只要图像的灰度值分布情况相同，它们的灰度直方图就相同，即不同的图像有可能具有相同的灰度直方图，如图 5.9 所示。通过灰度直方图的形状，能判断其对应图像的清晰度和黑白对比度，但不能知道图像的内容。

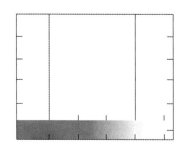

（a）图像的灰度直方图

（b）对应的几种不同的图像

图 5.9　不同的图像对应相同的灰度直方图

5.3.2　直方图均衡化

即使场景和图像内容都相同，受光源条件、图像成像系统性能等因素的影响，也会造成生成图像亮度或对比度不同，其所对应的灰度直方图也不同。可以考虑通过改变灰度直方图的形状来增强图像的对比度。

直方图增强以概率论为基础，常用的直方图调整方法包括直方图均衡化和直方图规定化。本节将以直方图均衡化方法为例介绍直方图调整方法的具体实现。

1．直方图均衡化方法

直方图均衡化通过对原图像进行某种灰度变换，使变换后的灰度直方图能均匀分布，这样就能使原图像中具有相近灰度且占有大量像素的灰度区域展宽，使大区域中的微小灰度变化显现出来，使图像更清晰。因其有效性和简便性已成为图像对比度增强最常用的方法。

（1）图像灰度变换函数。

设 r 为原图像归一化后的灰度级，则 $0 \leqslant r \leqslant 1$，其中 $r=0$ 代表黑（最暗），$r=1$ 代表白（最亮）；设变换后的图像灰度级为 s，则任意一个 r 都对应一个 s，设 $s=T(r)$，即灰度变换函数。为使这种灰度变换具有实际意义，一般来说，对于图像灰度变换函数 $s=T(r)$ 应满足条件：对于 $0 \leqslant r \leqslant 1$，$s = T(r)$ 为单调增函数且 $0 \leqslant s = T(r) \leqslant 1$。

由 s 到 r 的逆变换为 $r = T^{-1}(s)$（$0 \leqslant s \leqslant 1$），则 $T^{-1}(s)$ 也应满足上述条件。

（2）图像灰度变换函数的求解。

若图像变换前后的灰度直方图分别记为 $P(r)$ 和 $P(s)$，则直方图均衡化时，有

$$P(s) = 1 \tag{5-10}$$

设原图像的灰度范围为 $[r, r+\mathrm{d}r]$，包含的像素个数为 $P(r)\mathrm{d}r$，经过单调增函数的一对一变换，变换后灰度范围为 $[s, s+\mathrm{d}s]$，包含像素个数为 $P(s)\mathrm{d}s$，变换前后的像素个数应相等，即

$$P(r)\mathrm{d}r = P(s)\mathrm{d}s \tag{5-11}$$

将直方图均衡化的条件（式 5-10）代入上式，有

$$1\mathrm{d}s = P(r)\mathrm{d}r \tag{5-12}$$

对左右两边积分，得

$$\int 1\mathrm{d}s = \int P(r)\mathrm{d}r \tag{5-13}$$

解得

$$s = T(r) = \int_0^r P(x)\mathrm{d}x \tag{5-14}$$

式（5-13）右边为灰度直方图 $P(r)$ 的累积分布函数，也是直方图均衡化对应的灰度变换函数。它表明灰度变换函数是原图像灰度的累积分布函数，是一个非负的递增函数，该函数满足上面提出的条件。

（3）直方图均衡化过程。

假设数字图像中的总像素数为 N，灰度级总数为 L，第 k 个灰度级的值为 r_k，图像中具有灰度级 r_k 的像素个数为 n_k，则图像中灰度级 r_k 的像素出现的概率（或频数）为

$$P_r(r_k) = \frac{n_k}{N} \ (0 \leqslant r_k \leqslant 1, \ k = 0, 1, \cdots, L) \tag{5-15}$$

对其进行直方图均衡化处理的灰度变换函数为

$$s_k = T(r_k) = \sum_{j=0}^{k} P_r(r_j) = \frac{1}{N}\sum_{j=0}^{k} n_j \tag{5-16}$$

利用式（5-15）对图像做灰度变换，即可得到直方图均衡化后的图像。

2．直方图均衡化计算实例

下面举一个例子说明直方图均衡化的计算过程。

假设数字图像大小为 64 像素×64 像素，包含灰度值为 0～7 共 8 个灰度级，其各灰度级

的像素个数如表 5.1 所示，要求对其进行直方图均衡化。

表 5.1　64 像素×64 像素大小的图像像素灰度级分布

灰　度　级	0	1/7	2/7	3/7	4/7	5/7	6/7	7/7
像素个数 n_k	800	1100	700	400	500	200	300	96
概率 $P_r(r_k)=n_k/N$	0.20	0.27	0.17	0.10	0.12	0.05	0.07	0.02
累积结果 s_k	0.20	0.47	0.64	0.74	0.86	0.91	0.98	1
量化得归一化输出值	0.14 ≈1/7	0.43 ≈3/7	0.57 ≈4/7	0.71 ≈5/7	0.86 ≈6/7	0.86 ≈6/7	1 ≈7/7	1 ≈7/7
输出灰度级 s_k	1	3	4	5	6	6	7	7
$r_k \rightarrow s_k$ 映射	0→1	1→3	2→4	3→5	4、5→6		6、7→7	
新灰度直方图像素		800		1100	700	400	700	396
新灰度直方图		0.20		0.27	0.17	0.10	0.17	0.09

直方图均衡化对比如图 5-10 所示。

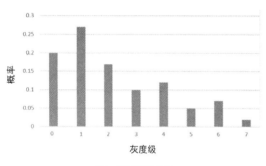

（1）原灰度直方图　　　　　　　　　　（2）均衡化后的灰度直方图

图 5.10　直方图均衡化对比

从图 5.10 可以看出，均衡化后的灰度直方图比原灰度直方图均匀得多，但并不是完全均匀的，这是因为存在量化误差。另外，直方图均衡化虽然提高了图像的对比度，但是可能会减少图像的灰度级。因为在直方图均衡化的过程中出现了灰度减并现象，原灰度直方图上像素较少的灰度级被归并到一个新的灰度级上，致使灰度级减少，与像素较多的灰度级的间隔被拉大了。在本例中，原灰度直方图上的灰度级 4、5 被合并为一个灰度级 6，原灰度直方图上的灰度级 6、7 被合并为灰度级 7。

因此，图像经过直方图均衡化后有些信息会损失掉，如果这些细节很重要，就会导致不良结果。为了把出现这种不良结果的概率降到最低的同时提高图像的对比度，可以采用局部直方图均衡化方法，本节不再详细介绍，感兴趣的读者可以自行阅读相关文献资料。

3. 基于 Python 软件的直方图均衡化实现

采用函数 cv.calcHist()，直接获得输入图像的灰度直方图。

运行程序：

```python
import cv2 as cv
import numpy as np
import matplotlib.pyplot as plt
image = cv.imread("7.1.08.tiff")
#将图像转换为灰度图像
```

```
gray = cv.cvtColor(image, cv.COLOR_BGR2GRAY)
cv.imshow("gray", gray)
#绘制灰度直方图
hist = cv.calcHist([gray], [0], None, [256], [0, 255])
plt.plot(hist)
plt.show()
#直方图均衡化
dst = cv.equalizeHist(gray)
cv.imshow("dst", dst)
#绘制新的灰度直方图
hist = cv.calcHist([dst], [0], None, [256], [0, 255])
plt.plot(hist)
plt.show()
```

运行结果： 直方图均衡化如图 5.11 所示。

（a）原图像

（b）直方图均衡化后的图像

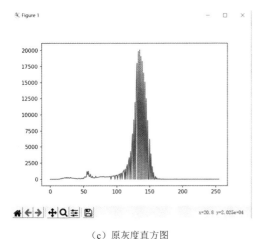

（c）原灰度直方图

（d）直方图均衡化后的灰度直方图

图 5.11　直方图均衡化

从图 5.11 中可以看出，直方图均衡化后的灰度直方图比原灰度直方图均匀得多，但因为存在量化误差并非完全均匀。

综上所述，直方图均衡化就是通过对原图像灰度的非线性变换，使其灰度直方图均匀分布，扩展图像灰度值的动态范围，达到增强图像整体对比度、图像变清晰的效果。

需要注意的是，直方图均衡化能自动增强整个图像的对比度，得到全局均匀化的灰度直方图，这虽然使图像的对比度增强，但是效果不易控制，也不一定符合人的视觉特性和具体应用的要求。实际应用中，有时需要根据某幅标准图像或已知图像的灰度直方图来修正原图像，或使原图像的灰度直方图直接变成某种给定的形式，从而有选择地增强某个灰度范围内的对比度。该过程称为直方图规定化或直方图匹配，本书不再介绍，读者可自行查阅资料进行学习。

5.4 邻域增强算法

在 5.2 节和 5.3 节中介绍的图像增强方法，像素变换后的灰度值与该位置的当前灰度值有关，称为点运算算法。

本节将介绍另一类空间域增强算法，即邻域增强算法。该方法利用某一模板对每个像素及其邻域的像素进行某种数学运算，得到该位置的新灰度值（输出值），也就是说，输出值不仅与该位置的灰度值有关，还与其邻域位置的灰度值有关。该类算法可以分为图像平滑与图像锐化两种。

本节中将重点介绍图像平滑算法中最常用的邻域平均值法和中值滤波法，以及图像锐化算法中的微分算子算法。

5.4.1 邻域平均值法

1. 邻域平均值法介绍

邻域平均值法是简单的空间域增强方法，属于线性运算方法。其基本思想是，将一个像素及其邻域中所有像素的平均值赋给输出图像中相应的像素。它采用模板计算的思想，即某个像素的输出结果不仅与本像素的灰度值有关，还与其邻域像素的灰度值有关。模板运算在数学中的描述就是卷积运算，这里不再赘述。最简单的邻域平均值法是所有模板系数都取相同的值，若模板系数都取 1，则 3×3 与 5×5 两种模板如下。

3×3 模板为

$$\frac{1}{9}\begin{bmatrix} 1 & 1 & 1 \\ 1 & 1 & 1 \\ 1 & 1 & 1 \end{bmatrix}$$

5×5 模板为

$$\frac{1}{25}\begin{bmatrix} 1 & 1 & 1 & 1 & 1 \\ 1 & 1 & 1 & 1 & 1 \\ 1 & 1 & 1 & 1 & 1 \\ 1 & 1 & 1 & 1 & 1 \\ 1 & 1 & 1 & 1 & 1 \end{bmatrix}$$

邻域平均值计算式为

$$g(x,y)=\frac{1}{N}\sum_{j\in M}f(i,j),\ x、y=0,1,\cdots,N-1 \qquad (5\text{-}17)$$

式中，M 是以(x,y)为中心的邻域像素的集合，N 是该邻域内像素的总数。

2. 图像平滑处理应用

图像平滑处理主要有两个作用：一是减少、抑制或消除噪声以改善图像质量；二是模糊图像，使图像看起来更加柔和、自然。图像平滑可以在空间域中进行，也可以在频域中进行。

在图像中，大部分噪声是随机噪声，并且与对应位置的像素值不相关。因此，噪声与对应位置像素的邻域内各点对比，会存在灰度值突变的问题。

假设原输入图像存在均值为 0、方差（噪声功率）为 σ^2 且与图像不相关的加性白噪声 $\delta(x,y)$，即

$$f'(x,y)=f(x,y)+\delta(x,y) \qquad (5\text{-}18)$$

经过邻域平均后的图像 $g(x,y)$为

$$g(x,y)=\frac{1}{N}\sum_M f(x,y)+\delta(x,y)=\frac{1}{N}\sum_M f(x,y)+\frac{1}{N}\sum_M \delta(x,y) \qquad (5\text{-}19)$$

对上式第二项进行平均，可得其均值为0，方差减小为 σ^2/N，由此可知，图像经点 N 邻域平均后，削弱了噪声，并且 N 越大（邻域越大），噪声削弱或抑制的程度就越强，改善图像质量的效果越好。

需要注意的是，N 并不是越大越好，邻域平均后，图像信号则由$f(x,y)$变为$\frac{1}{N}\sum_M f(x,y)$，这里的邻域平均会引起图像失真，在图像中就表现为灰度突变的边缘或细节位置变得模糊。

3. 基于 Python 软件的邻域平均值法的实现

在 Python 软件中提供的函数 cv2.blur 可以直接对图像进行邻域平均值计算。

使用格式：cv2.blur(图像数据, 核大小)。

参数说明：

（1）图像数据：函数 cv2.cvtColor()返回的灰度图像数据。

（2）核大小：以(宽度,高度)表示的元组形式。

运行程序：

```
import cv2
import numpy as np
import matplotlib.pyplot as plt
img = cv2.imread("")
Image = cv2.cvtColor(img,cv2.COLOR_BGR2RGB)
#均值滤波
result = cv2.blur(Image, (7,7))
#显示图像
titles = ['Source Image', 'Blur Image']
images = [Image, result]
```

数字图像处理与 Python 实现

```
for i in range(2):
    plt.subplot(1,2,i+1)
    plt.imshow(images[i], 'gray')
    plt.title(titles[i])
    plt.xticks([])
    plt.yticks([])
    plt.show()
```

运行结果：平滑处理结果如图 5.12 所示。

（a）原图像　　　　（b）3×3 模板平滑效果　　　（c）5×5 模板平滑效果　　　（d）9×9 模板平滑效果

图 5.12　平滑处理结果

图 5.12（b）、图 5.12（c）、图 5.12（d）分别是用 3×3 模板、5×5 模板、9×9 模板得到的平滑处理结果。可以发现，邻域半径越大，平滑效果越强，图像也越模糊。

图 5.13（a）、图 5.13（b）是对同一幅图像分别加入脉冲噪声、高斯噪声后的图像，图 5.13（c）、图 5.13（d）是分别采用 3×3 模板对这两幅噪声图像进行邻域平均值法处理的结果。可以发现，邻域平均模板对噪声有一定的抑制作用。

（a）　　　　　　　（b）　　　　　　　（c）　　　　　　　（d）

图 5.13　邻域平均处理结果

5.4.2　中值滤波法

1. 中值滤波法介绍

中值滤波法是一种非线性处理技术，与邻域均值法原理相似，二者的区别在于中值滤波的输出像素的灰度值是邻域内像素灰度值的中值而不是平均值。

中值滤波实际上是用一个含有奇数个像素的模板在图像中滑动，该模板中心点处的灰度

· 80 ·

值为模板内各点灰度值的中值。

假设模板长度为 5，模板中像素的灰度值分别为 50、70、180、80、90，则灰度值中值为 80。将模板中的像素值按从小到大进行顺序排列，排列结果为 50、70、80、90、180，其中间位置处的值为 80。于是原来模板正中的灰度值由 180 就变成了 80。若 180 是一个噪声的尖峰，则被滤除。

对图像采用 3×3 模板进行中值滤波，如图 5.14 所示。

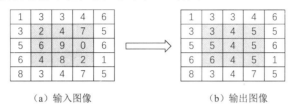

（a）输入图像　　　　　　　　　（b）输出图像

图 5.14　对图像采用 3×3 模板进行中值滤波

采用 3×3 模板对图像进行中值滤波时，边缘像素不变，可以对图像进行平滑处理。以第三行第三列的像素值 9 为例，对包含其自身在内的 3×3 邻域中的 9 个像素值进行从小到大排序，依次为 0、2、2、4、4、6、7、8、9，中值为 4，该点的像素值通过中值滤波由 9 变为 4。以同样的方法，可以得出除边缘点外其他像素滤波后的像素值。

对二维数字图像进行中值滤波，模板尺寸和形状对滤波性能的影响较大。在实际应用过程中，模板的尺寸可以先取 3×3，再取 5×5，并依次增大，直至获得满意的滤波效果。常用的二维模板形状有线形、十字形、方形、菱形、圆形和圆环形等，其中部分模板如图 5.15 所示。

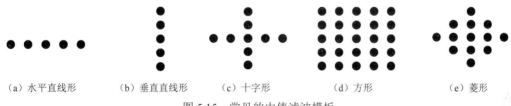

（a）水平直线形　　　（b）垂直直线形　　　（c）十字形　　　　（d）方形　　　　　（e）菱形

图 5.15　常见的中值滤波模板

对于有缓变的较长轮廓线物体的图像，采用方形模板或圆形模板较合适；对于包含尖角物体的图像，采用十字形模板较合适。使用中值滤波法值得注意的是，要保持图像中有效的细线状物体。对于一些细节较多的复杂图像，可以多次使用不同的中值滤波模板进行复合处理，通过适当的方式综合所得的结果作为输出图像，这样既可以获得更好的平滑效果，也可以保护图像的边缘。

2. 图像平滑处理应用

中值滤波的主要功能是可以使与周围像素灰度值相差较大的像素改取与周围像素接近的灰度值，更适合用于消除图像的孤立噪声点。因为它不是简单地取平均，所以产生的图像模糊比较弱。

邻域均值法在滤除噪声的同时模糊了图像；而中值滤波在一定的条件下，可以克服线性滤波器带来的图像细节模糊问题，而且对滤除脉冲干扰及图像扫描噪声非常有效，能够在去除噪声的同时保持图像的边缘。但对于一些细节多，特别是点、线、尖角较多的图像，不宜采用中值滤波法。

3. 基于 Python 软件的中值滤波法及其应用

在 Python 软件中提供的函数 cv2.medianBlur()可以直接进行图像的中值滤波。

使用格式：cv2.medianBlur(输入图像, 滤波模板的尺寸大小)。

参数说明：

（1）输入图像：待处理的图像数据。

（2）滤波模板的尺寸大小：必须是大于 1 的奇数，如 3、5、7……

运行程序：

```
import numpy as np
import cv2 as cv
import random
src = cv.imread("sp_boat.png")  #含有斑点噪声的图像
img_median = cv.medianBlur(src, 5)  #中值滤波

#显示图像
cv.imshow("sp_noise", src)
cv.imshow("medianBlur", img_median)
cv.waitKey(0)
```

运行结果：中值滤波程序运行结果如图 5.16 所示。

（a）原图像　　　　　　　　　　　　（b）中值滤波法处理后的图像

图 5.16　中值滤波程序运行结果

此外，与中值滤波法类似的还有最大值滤波法和最小值滤波法，不同之处在于使用像素邻域内的最大值或最小值代替当前像素的灰度值实现滤波，其主要用途是寻找最亮点和最暗点。

5.4.3　微分运算算法

在图像识别、处理中，可能需要边缘鲜明的图像或加强图像的轮廓特征，以便人眼的观察和机器的识别。增强图像边缘和线条，使图像边缘变得清晰的处理方法称为图像锐化。

图像锐化最常用的算法是图像的微分运算。微分运算可以反映图像像素灰度值的变化率。对于一幅图像，不同物体边缘区像素的灰度值往往变化明显，其梯度较大；平滑区像素的灰

度值梯度较小；对于灰度值不变的区域，梯度为零。因此，微分运算可以起到增强边缘信息的作用。

图像微分运算主要采用一阶微分运算和二阶微分运算。常用的微分算法分别是梯度运算和拉普拉斯运算，这两种运算有时也称为算子，下面分别进行说明。

1．微分运算算法介绍

1）梯度运算算法

图像 $f(x,y)$ 在 (x,y) 处的梯度定义为

$$\boldsymbol{G}\big[f(x,y)\big]=\begin{bmatrix}\dfrac{\partial f}{\partial x}\\[2mm]\dfrac{\partial f}{\partial y}\end{bmatrix}=\begin{bmatrix}\boldsymbol{G}_x & \boldsymbol{G}_y\end{bmatrix}^{\mathrm{T}}=\begin{bmatrix}\dfrac{\partial f}{\partial x} & \dfrac{\partial f}{\partial y}\end{bmatrix}^{\mathrm{T}} \tag{5-20}$$

式中，$\boldsymbol{G}[f(x,y)]$ 是一个矢量，其幅值为

$$|\boldsymbol{G}[f(x,y)]|=\sqrt{\boldsymbol{G}_x^2+\boldsymbol{G}_y^2}=\sqrt{\left(\dfrac{\partial f^2}{\partial x}\right)+\left(\dfrac{\partial f}{\partial y}\right)^2}=\left[\left(\dfrac{\partial f}{\partial x}\right)^2+\left(\dfrac{\partial f}{\partial y}\right)^2\right]^{1/2} \tag{5-21}$$

在数字图像处理中，常用到梯度的幅值大小，为了方便起见，把梯度幅值简称为梯度。在实际运算中，为了简化梯度的计算，常采用以下简化算法，即

$$|\boldsymbol{G}[f(x,y)]|=\sqrt{\boldsymbol{G}_x^2+\boldsymbol{G}_y^2}\approx|\boldsymbol{G}_x|+|\boldsymbol{G}_y|=\left|\dfrac{\partial f}{\partial x}\right|+\left|\dfrac{\partial f}{\partial y}\right| \tag{5-22}$$

$$|\boldsymbol{G}[f(x,y)]|=\sqrt{\boldsymbol{G}_x^2+\boldsymbol{G}_y^2}\approx\max\left\{|\boldsymbol{G}_x|,|\boldsymbol{G}_y|\right\}$$

常用的计算梯度的算子包括 Roberts 算子、Prewitt 算子和 Sobel 算子等，其对应的梯度算子模板如图 5.17 所示。

（a）Roberts 算子的梯度算子模板

-1	
	1

	-1
1	

（b）Prewitt 算子的梯度算子模板

-1	0	1
-1	0	1
-1	0	1

-1	-1	-1
0	0	0
1	1	1

（c）Sobel 算子的梯度算子模板

-1	0	1
-2	0	2
-1	0	1

-1	-2	-1
0	0	0
1	2	1

图 5.17　Roberts 算子、Prewitt 算子和 Sobel 算子的梯度算子模板

2）拉普拉斯运算算法

拉普拉斯算子是常用的二阶边缘增强算子之一，同样采用偏导数运算，与梯度运算算法的不同之处在于拉普拉斯算子采用二阶导数，其定义为

$$\nabla^2 f=\dfrac{\partial^2 f}{\partial x^2}+\dfrac{\partial^2 f}{\partial y^2} \tag{5-23}$$

对于数字图像，在某个像素 (x,y) 处的拉普拉斯算子可采用如下差分形式近似：

$$\begin{aligned}\dfrac{\partial^2 f(x,y)}{\partial x^2}&=\nabla_x f(i+1,j)-\nabla_x f(i,j)\\&=\big[f(i+1,j)-f(i,j)\big]-\big[f(i,j)-f(i-1,j)\big]\\&=f(i+1,j)+f(i-1,j)-2f(i,j)\end{aligned} \tag{5-24}$$

$$\frac{\partial^2 f(x,y)}{\partial y^2} = f(i,j+1) + f(i,j-1) - 2f(i,j) \tag{5-25}$$

对于二维数字图像，有

$$\nabla^2 f(x,y) = f(x+1,y) + f(x-1,y) + f(x,y+1) + f(x,y-1) - 4f(x,y) \tag{5-26}$$

可见，数字图像在(x, y)点的拉普拉斯算子可以由其 4 邻域的平均灰度值减去该点的灰度值求得，如图 5.18（a）所示；如果为 8 邻域，则该点的拉普拉斯算子为其 8 邻域的平均灰度值减去该点的灰度值，如图 5.18（b）所示。

$$\begin{bmatrix} 0 & 1 & 0 \\ 1 & -4 & 1 \\ 0 & 1 & 0 \end{bmatrix} \qquad \begin{bmatrix} 1 & 1 & 1 \\ 1 & -8 & 1 \\ 1 & 1 & 1 \end{bmatrix}$$

（a）4 邻域拉普拉斯算子 　　　　　（b）8 邻域拉普拉斯算子

图 5.18　两种拉普拉斯算子

实际上，由于拉普拉斯算子是二阶导数，因此对噪声更为敏感，常用的解决办法是对图像先平滑再进行边缘检测。

需要注意的是，不管是用一阶微分算子还是二阶微分算子进行锐化处理，运算结果中都可能会出现负值，负值的出现将影响到最终结果。一般来说，处理方法有以下三种：

（1）取绝对值。这种方法简单易行，能够保留图像边缘的幅值信息，但是丢失了变化方向的信息。

（2）负值按零处理。这种方法也比较简单，但会丢失图像负向变化的全部信息。

（3）按照线性关系进行动态范围调整，保持处理前后的动态范围一致性。这种方法的运算稍复杂，但是能够较为完整地保存图像中的信息。

2．微分运算在图像处理中的应用

平滑模板与锐化模板的不同之处在于，平滑模板各系数的符号均为正，因此平滑具有积分或求和的性质，而锐化模板各系数的符号有正有负，且锐化模板系数的和正好为 0，即锐化滤波算法具有微分或差分的性质。

把微分的结果乘以一定的比例系数和原图像数据相加就能使图像中的高频成分得到加强，灰度值急剧变化的边缘处的点得到加强，达到清晰轮廓、突出细节的图像锐化的目的。

图像锐化与图像平滑相反，它主要的作用是加强高频成分或减弱低频成分。图像的低频成分主要对应于图像中的区域和背景，而高频成分主要对应于图像中的边缘和细节。因此，图像锐化加强了细节和边缘，有消除图像模糊的作用。同时，需要注意的是，因为噪声主要分布在高频部分，如果图像中存在噪声，锐化处理将会对噪声有一定的放大作用。

数字图像处理中，可以根据应用的需要以及平滑模板与锐化模板的性质，自行设计出满足各种应用需求的算子。

3．基于 OpenCV-Python 的梯度算子实现

在 OpenCV-Python 中提供了丰富的一阶微分算子和二阶微分算子。本小节将以简单易行的 Sobel 算子和拉普拉斯算子为例介绍将其用于图像边缘检测，达到图像锐化的目的。

（1）基于 Sobel 算子的边缘检测算法。

使用格式：sobelx = cv2.Sobel(图像数据, 图像深度, x 方向求导阶数, y 方向求导阶数[, 核大小[, 缩放因子[, 附加值[, 边界样式]]]])。

参数说明：

① 图像数据：需要进行边缘检测的图像数据。

② 图像深度：cv2.CV_64F 表示 64 位浮点数，即 64float，这里不使用 numpy.float64，以免发生溢出现象。

③ x 和 y 方向求导阶数：对于图像来说就是差分运算，1 表示对 x 求偏导数，0 表示不对 y 求导数，x 还可以求二次导数。注意：对 x 求导就是检测 x 方向上是否有边缘。

④ 核大小：Sobel 核的大小。

⑤ 缩放因子：计算导数值时采用的缩放因子，默认值为 1，即表示不缩放。

⑥ 附加值：加在目标图像 dst 上的值，该值是可选的，默认值为 0。

⑦ 边界样式：决定图像在进行滤波操作时边沿像素的处理方式，默认设置为 BORDER_DEFAULT。

运行程序：

```
import cv2
import matplotlib.pyplot as plt
image = cv2.imread('C:\Users\xiaoyi\Desktop\lenna.png')
out = cv2.cvtColor(image, cv2.COLOR_BGR2RGB)
#转换为灰度图像
grayImage = cv2.cvtColor(image, cv2.COLOR_BGR2GRAY)

#Sobel 算子
x = cv2.Sobel(grayImage, cv2.CV_16S, 1, 0)#对 x 求一阶导数
y = cv2.Sobel(grayImage, cv2.CV_16S, 0, 1)#对 y 求一阶导数
absX = cv2.convertScaleAbs(x)
absY = cv2.convertScaleAbs(y)
Sobel = cv2.addWeighted(absX, 0.5, absY, 0.5, 0)

#图像输出
plt.rcParams['font.sans-serif'] = ['SimHei']
titles = [u'原图像', u'Sobel 图像']
images = [out, Sobel]

for i in range(2):
    plt.subplot(1, 2, i+1), plt.imshow(images[i], 'gray')
    plt.xticks([]), plt.yticks([])
    plt.title(titles[i])
plt.show()
```

运行结果：采用 Sobel 算子对图像进行边缘检测结果如图 5.19 所示。

（a）原图像　　　　　　　　　（b）Sobel 边缘检测图像

图 5.19　采用 Sobel 算子对图像进行边缘检测结果

　　此外，还可以采用函数 cv2.filter2D()实现使用 Roberts 算子和 Prewitt 算子的边缘检测算法，区别在于采用的卷积核不同。Robers 算子和 Prewitt 算子边缘检测结果如图 5.20 所示。

（a）Roberts 算子边缘检测图像　　　（b）Prewitt 算子边缘检测图像

图 5.20　Robers 算子和 Prewitt 算子边缘检测结果

　　Roberts 算子边缘检测方法简单，边缘定位精度较高，检测水平和垂直边缘的效果比斜向边缘好，缺点是对噪声敏感。因此，该方法更适用于不含噪声或噪声小的数字图像中存在陡峭边缘时的边缘检测。

　　Prewitt 算子对应两个 3×3 模板，一个用来检测水平边缘，另一个用来检测垂直边缘。该算子对噪声具有抑制作用，可消除一部分因噪声引起的伪边缘。因此，对于灰度渐变含噪声的图像具有相对较好的边缘检测效果。

　　Sobel 算子和 Prewitt 算子一样，均是可以抑制噪声的边缘检测方法，检测精度较好，且检测出的边缘至少为两个像素宽度。由于它们都是先平均再差分，在检测过程中会丢失一些细节，使边缘产生一定模糊。但由于 Sobel 算子多了加权运算，其边缘检测的模糊程度要略低于 Prewitt 算子，检测效果更好一些。读者可以自行进行实验验证。

　　（2）基于拉普拉斯算子的边缘检测算法。

　　使用格式：cv2.Laplacian (图像数据, 图像深度 [, 核大小[, 缩放因子[, 附加值[, 边界样式]]]])。

　　参数说明：参考 Sobel 算子的参数说明。

　　运行程序：

```
import cv2 as cv
#拉普拉斯二阶微分算子
```

```
def Laplace():
    dst = cv.GaussianBlur(img, (3, 3), sigmaX=0.1)  #高斯滤波器 (3×3)
    laplacian = cv.Laplacian(dst, cv.CV_64F)  #拉普拉斯算子
    laplacian = cv.convertScaleAbs(laplacian)   #取绝对值
    cv.imshow("laplacian", laplacian)  #显示


if __name__ == '__main__':
    #读取图像
    img = cv.imread("Lena.png")
    cv.imshow("img", img)
    Laplace()          #拉普拉斯二阶微分算子
    cv.waitKey(0)
```

运行结果：采用拉普拉斯算子的边缘检测结果如图 5.21 所示。

（a）原图像　　　　　　　（b）拉普拉斯算子边缘检测图像

图 5.21　采用拉普拉斯算子的边缘检测结果

　　采用拉普拉斯算子对图像进行边缘检测时，优点是对孤立像素和线段的检测效果好，对阶跃边缘的检测较准确；缺点是因各向同性从而不能检测边缘方向，对噪声十分敏感，且可能丢失边缘或造成边缘不连续。因此很少直接用于边缘检测。

　　后来美国学者 Marr 提出 LoG 算子（Laplacian of a Gaussian，高斯-拉普拉斯算子），也叫作 Marr 算子。LoG 算子边缘检测改进了拉普拉斯算子不足，其优点是抗干扰能力强、边缘定位准确、边缘检测连续性好，缺点是高斯低通滤波导致尖锐边缘被平滑从而无法被检测到。该算子适用于边缘模糊或噪声较大的情况。感兴趣的读者可以进行相关的扩展学习。

5.5　频域增强

　　本章中 5.2 节～5.4 节内容所涉及的图像增强都是在图像空间域直接进行处理的，本节我们将介绍数字图像的频域增强方法。

　　频域增强是在图像的频域空间对图像进行滤波，因此需要将图像从空间域变换到频域，一般通过傅里叶变换实现。本节将主要介绍图像频域的低通滤波、高通滤波、带通滤波与带阻滤波、同态滤波。

5.5.1 低通滤波

图像从空间域变换到频域后，其直流分量表示图像的平均灰度，低频分量对应图像中大面积的背景区域和缓慢变化部分，高频分量对应图像中物体的边缘、细节、跳跃部分及颗粒噪声等信息。

低通滤波器的功能是通过低通滤波函数减弱或抑制高频分量，保留低频分量。因此，与空间域中的邻域平均值法和中值滤波法等常见的平滑滤波方法一样，低通滤波在功能上可以消除图像中的随机噪声、削弱边缘效应，起到平滑图像的作用，这就是图像的频域平滑法，一般称作频域低通滤波法。

基于离散傅里叶变换的频域低通滤波法的一般过程如图 5.22 所示。

图 5.22 频域低通滤波法

图中，$f(x, y)$表示原图像；$g(x, y)$表示处理后的图像；$H(u, v)$表示低通滤波器；$F(u, v)$和$G(u, v)$分别代表噪声图像$f(x, y)$和经过低通滤波后图像$g(x, y)$的频域表示，当然这里的频域变换不仅仅局限于离散傅里叶变换。

频域低通滤波法的关键是设计和选择低通滤波器 $H(u, v)$。常用的低通滤波器包括理想低通滤波器（Ideal Low-Pass Filter，ILPF）、巴特沃斯低通滤波器（Butterworth Low-Pass Filter，BLPF）、指数低通滤波器和梯形低通滤波器等。

1. 理想低通滤波器

设傅里叶平面上理想低通滤波器特性曲线离开原点时的截止频率为D_0，则理想低通滤波器的传递函数为

$$H(u, v) = \begin{cases} 1 & (D(u, v) \leqslant D_0) \\ 0 & (D(u, v) > D_0) \end{cases} \tag{5-27}$$

式中，$D(u, v)$表示从点(u, v)到原点的距离，即

$$D(u, v) = \sqrt{u^2 + v^2} \tag{5-28}$$

D_0是一个非负的量，这里的理想低通滤波器是指小于等于 D_0 的频率可以完全不受影响地通过低通滤波器，而大于 D_0 的频率则完全不能通过，因此 D_0 也叫作截断频率。

理想低通滤波器的特性曲线如图 5.23 所示，这种理想低通滤波器在计算机中可模拟实现，但实际上使用电子器件硬件无法实现这种从 1 到 0 陡峭突变的截断频率。

理论上，最终经离散傅里叶逆变换 $D>D_0$ 的高频分量会被滤除掉，从而得到平滑图像。由于高频成分包含大量的边缘信息，因此采用理想低通滤波器在去除噪声的同时会导致边缘信息损失从而使图像边缘模糊，并且会产生振铃效应。所谓的"振铃"，是指输出图像的灰度剧烈变化处产生的振荡。

2. 巴特沃斯低通滤波器

n 阶巴特沃思滤波器的传递函数为

$$H(u,v) = \frac{1}{1 + \left(\dfrac{D(u,v)}{D_0}\right)^{2n}} \tag{5-29}$$

式中，D_0 为截止频率，n 为巴特沃斯滤波器的阶次。

巴特沃斯低通滤波器的特性曲线如图 5.24 所示。

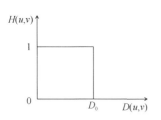

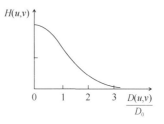

图 5.23　理想低通滤波器的特性曲线　　　　图 5.24　巴特沃斯低通滤波器的特性曲线

一般情况下，当 $H(u,v)$ 下降至最大值的 1/2 时的 $D(u,v)$ 为截止频率 D_0。实际应用中，有时也取 $H(u,v)$ 下降至最大值的 0.707 时的 $D(u,v)$ 作为截止频率 D_0，这时传递函数为

$$H(u,v) = \frac{1}{1 + \left(\sqrt{2} - 1\right)\left(\dfrac{D(u,v)}{D_0}\right)^{2n}} \tag{5-30}$$

巴特沃斯低通滤波器又称为最大平坦滤波器，其通带与阻带之间的过渡比较平坦和光滑，不像理想滤波器那样陡峭且明显不连续，振铃效应不明显。在它的尾部保留有较多的高频分量，因此采用该滤波器滤波在抑制图像噪声的同时，对噪声的平滑效果不如理想低通滤波器。

3．指数低通滤波器

另一种常用的低通滤波器是指数低通滤波器，其传递函数为

$$H(u,v) = e^{-\left(\frac{D(u,v)}{D_0}\right)^n} \tag{5-31}$$

式中，D_0 为截止频率；n 为阶数，决定指数衰减的速度。一般情况下，取 $H(u,v)$ 下降至最大值的 1/2 时的 $D(u,v)$ 为截止频率 D_0，其特性曲线如图 5.25 所示。与巴特沃斯低通滤波器一样，指数低通滤波器的通过频率到截止频率之间具有一段平滑的过渡带，经此平滑后的图像没有振铃效应。与巴特沃斯低通滤波器相比，它具有更快的衰减特性，处理的图像稍微模糊一些。

4．梯形低通滤波器

梯形低通滤波器的传递函数为

$$H(u,v) = \begin{cases} 1 & (D(u,v) < D_0) \\ \dfrac{D(u,v) - D_1}{D_0 - D_1} & (D_0 \leqslant D(u,v) \leqslant D_1) \\ 0 & (D(u,v) > D_1) \end{cases} \tag{5-32}$$

梯形低通滤波器的特性曲线如图 5.26 所示，在 D_0 的尾部包含有一部分高频分量（$D_1 > D_0$），所以，经过该滤波器的图像清晰度较理想低通滤波器有所改善，振铃效应也有所减弱。在实

际应用中可以通过调整 D_1，达到平滑图像的目的，同时能保持较好的清晰度。

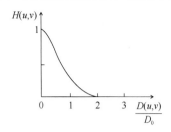

图 5.25　指数低通滤波器的特性曲线

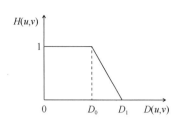

图 5.26　梯形低通滤波器的特性曲线

5.5.2　高通滤波

高通滤波器是一个使高频率通过，阻止或者衰减低频率的系统。在数字图像的频域中，图像的边缘反映在高频区，因此可以通过高通滤波器得到图像边缘信息，再利用原图像实现图像锐化，达到消除图像模糊、突出边缘的目的。

几种常见的高通滤波器及其传递函数如表 5.2 所示。

表 5.2　几种常见的高通滤波器及其传递函数

理想型高通滤波器	$H(u,v)=\begin{cases}0 & (D(u,v)<D_0)\\ 1 & (D(u,v)\geqslant D_0)\end{cases}$
巴特沃斯高通滤波器	$H(u,v)=1/\left[1+\left(D_0/D(u,v)\right)^{2n}\right]$
指数高通滤波器	$H(u,v)=\mathrm{e}^{-\left(D_0/D(u,v)\right)^n}$
梯形高通滤波器	$H(u,v)=\begin{cases}0 & (D(u,v)<D_0)\\ \dfrac{D(u,v)-D_0}{D_1-D_0} & (D_0\leqslant D(u,v)\leqslant D_1)\\ 1 & (D(u,v)>D_1)\end{cases}$

几种高通滤波器的特性曲线如图 5.27 所示。

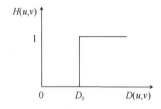

（a）理想高通滤波器的特性曲线

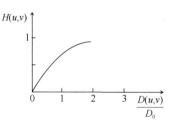

（b）巴特沃斯高通滤波器的特性曲线

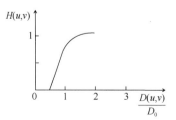

（c）指数高通滤波器的特性曲线

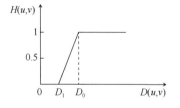

（d）梯形高通滤波器的特性曲线

图 5.27　几种高通滤波器的特性曲线

需要注意的是，高通滤波得到的并不是锐化图像，而是原图像的高频图像，即图像的边缘，我们需要将该高频图像附加到原图像中，才能够得到期望的锐化图像，如图 5.28 所示。

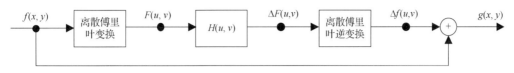

图 5.28　高频滤波法的图像处理流程

图中，$f(x, y)$ 表示原图像，$g(x, y)$ 表示处理后的锐化图像，$H(u, v)$ 表示高通滤波器；$F(u, v)$ 和 $\Delta F(u, v)$ 分别代表原图像 $f(x, y)$ 和高通滤波结果 $\Delta f(x, y)$ 的频域表示。当然这里的频域变换也可采用其他方法。

与低通滤波器的性能类似，高通滤波器的特性简要分析如下：

（1）理想高通滤波器的特性曲线是突变的，所以由它得到的图像中也存在较强的振铃效应。

（2）巴特沃斯高通滤波器的特性曲线变化较平滑，在阶数较低时得到的高频图像只存在轻微振铃效应，且图像较为清晰。

（3）指数高通滤波器由于具有比巴特沃斯高通滤波器更为平滑的特性曲线，所得的高频图像无振铃效应。

（4）梯形高通滤波器的性能介于理想高通滤波器和具有平滑过渡特性曲线的滤波器之间，得到的高频图像既有一定的模糊，也存在一定的振铃效应。

5.5.3　带通滤波和带阻滤波

在数字图像处理中，有时需要增强或抑制的信息既不是图像中的高频成分也不是低频成分，而是一个有限的频带范围内的成分，这时，需要采用带通滤波器或带阻滤波器。

1．带通滤波器

带通滤波器是指只允许一定频率范围内的信号通过而阻止其他频率范围内的信号通过的滤波器。理想的带通滤波器传递函数为

$$H(u, v) = \begin{cases} 0 & \left(D(u, v) < D_0 - \dfrac{w}{2} \right) \\ 1 & \left(D_1 - \dfrac{w}{2} \leqslant D(u, v) \leqslant D_0 + \dfrac{w}{2} \right) \\ 0 & D(u, v) > D_0 + \dfrac{w}{2} \end{cases} \tag{5-33}$$

式中，w 为通带宽度，D_0 为通带中心频率。

理想带通滤波器的特性曲线如图 5.29 所示。

2．带阻滤波器

带阻滤波器的功能是对一定频率范围内的信号进行完全衰减，而容许其他频率范围内的信号通过。理想的带阻滤波器的传递函数为

$$H(u,v) = \begin{cases} 1 & (D(u,v) < \omega_1) \\ 0 & (\omega_1 \leqslant D(u,v) < \omega_2) \\ 1 & (D(u,v) \geqslant \omega_2) \end{cases} \qquad (5\text{-}34)$$

式中，ω_1、ω_2 分别为阻带开始和结束的频率。理想带阻滤波器的特性曲线如图 5.30 所示。

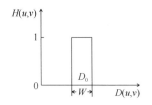

图 5.29　理想带通滤波器的特性曲线

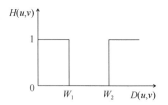

图 5.30　理想带阻滤波器的特性曲线

本节不再详细介绍其具体实现，感兴趣的读者可以自行实验。

5.5.4　同态滤波

1. 同态滤波原理

在图像处理中，常常遇到灰度值动态范围很大但是暗区的细节又不清晰的现象，需要增强暗区细节的同时不损失亮区细节。由图像的照明反射模型可知，$f(x,y)$ 能够用它的照明函数和反射函数来表示，其关系式为

$$f(x,y) = i(x,y) \cdot r(x,y) \qquad (5\text{-}35)$$

式中，$i(x,y)$ 是点 (x,y) 的照明函数，$0 < i(x,y) < \infty$；$r(x,y)$ 是点 (x,y) 的反射函数，$0 < r(x,y) < 1$。

若图像照明不均，则图像内各部分的平均亮度会有起伏，这时图像暗区的细节较难分辨，造成图像 $f(x,y)$ 中出现大面积阴影，从而掩盖一些目标物的细节，使图像不清晰。因此，为了消除这种亮度不均匀性，必须想办法减弱 $i(x,y)$，同时必须增强反映图像的对比度和目标物细节的 $r(x,y)$。

同态滤波是压缩照明函数的灰度范围，即在频域中削弱照明函数成分的同时增强反射函数的频谱成分，因此增加了反映图像对比度的反射函数的比重，使图像暗区的图像细节信息得以增强，同时尽可能地保持了亮区的图像细节。通过与同态滤波器传递函数 $H(u, v)$ 相乘，低频段被压缩，高频段被扩展。利用同态滤波，分离光照成分 $i(x,y)$ 和反射成分 $r(x,y)$，可使"半阴半阳"的图像变得清晰。

2. 同态滤波实现方法

一般情况下，自然图像的光照是均匀渐变的，$i(x,y)$ 可视为低频分量；而不同物体对光的反射是突变的，与物体的表面特性有关，反映物体表面的变化和细节，包含很多高频成分，$r(x,y)$ 可视为高频分量。因此，照明函数和反射函数在频域中处于不同的频段，用取对数的方法可以把它们的相乘变为相加，就可以对这两部分采用不同的处理方法，从而获得更好的效果。

图像的同态滤波处理过程如图 5.31 所示。

图 5.31　图像的同态滤波处理过程

图中，$f(x, y)$ 表示原图像；$g(x, y)$ 表示处理后的图像；ln() 表示对数运算；FT 表示傅里叶变换；$H(u, v)$ 表示同态滤波；IFT 表示傅里叶逆变换；exp() 表示指数运算。

具体流程如下：

（1）两边取对数：

$$f_1(x, y) = \ln(i(x, y) r(x, y)) = \ln(i(x, y)) + \ln(r(x, y)) = i_1(x, y) + r_1(x, y) \tag{5-36}$$

（2）傅里叶变换：

$$\mathrm{FT}[f_1(x, y)] = \mathrm{FT}[i_1(x, y)] + \mathrm{FT}[r_1(x, y)] \Rightarrow F_1(u, v) = I_1(u, v) + R_1(u, v) \tag{5-37}$$

（3）同态滤波处理：

$$G_1(u, v) = H(u, v) F(u, v) = H(u, v) I_1(u, v) + H(u, v) R_1(u, v) \tag{5-38}$$

（4）傅里叶逆变换到空间域：

$$g_1(x, y) = \mathrm{IFT}[G_1(u, v)] \tag{5-39}$$

（5）取指数：

$$g(x, y) = \exp(g_1(x, y)) \tag{5-40}$$

基于 Python-OpenCV 的同态滤波实现方法需要自行定义函数实现，读者可以进行拓展实验。图 5.32 给出同态滤波的一个实现结果供读者参考。

（a）原图像　　　　　　　　　（b）同态滤波后的图像

图 5.32　同态滤波实例

5.6　图像退化及复原

在图像的生成、处理与传输过程中，每一个环节都有可能引起图像质量的下降，这种导致图像质量的下降现象，称为图像退化。

造成图像退化的因素很多，如光学系统调焦不准、光学成像系统非线性畸变、遥感图像中的大气扰动、成像时物体与摄像设备之间的相对运动、摄影胶片感光的非线性、各种噪声干扰、处理方法的缺陷等。

图像复原与图像增强一样，用于改善图像质量。不同的是，图像复原的目的是使退化了的图像尽可能恢复为原图像内容或质量，是一个客观的过程；而图像增强技术不考虑图像是如何退化的，只通过各种技术来增强图像的视觉效果，可以不考虑增强后的图像是否失真，只要人眼视觉感官舒适即可，是一个主观的过程。

目前，针对图像复原比较典型的研究方向包括图像去噪、图像超分辨率重建、图像去模糊、压缩图像修复等。由于引起图像退化的因素众多且性质不同，图像复原的方法和技术也各不相同，常用方法可以分为传统方法与深度学习（Deep Learning）方法两大类。

图像复原的传统方法先从分析图像退化机理入手，即用数学模型来描述图像的退化过程，再在退化模型的基础上，通过求其逆过程，从退化图像中较准确地求出原图像，恢复图像的原始信息。因此，图像复原的流程一般是首先分析图像退化的原因，然后建立图像退化的数学模型，最后反向推演恢复原图像。由此可见，图像复原的关键是需要知道图像退化的过程并依据其建立图像退化的数学模型。该类方法主要包括逆滤波复原、维纳滤波复原、约束最小二乘法复原等。

近年来随着深度学习技术的出现，为图像复原领域提供了技术上的新方向，出现了众多基于深度学习技术的图像复原算法。深度学习方法是通过获取大量数据，直接学习出一个复原模型。传统方法针对每一项复原任务需要单独设计算法，而深度学习方法可以同时解决若干个复原问题，包括图像去噪、去模糊、超分辨率重建等内容。基于深度学习图像复原领域的研究已经取得了一些显著进展，但其应用仍处于起步阶段，主要研究的内容也仅仅是利用待修复图像本身的信息，因此基于深度学习的图像复原仍是一个极具挑战性的课题。因其涉及内容较广，本书不再详细介绍。

5.7　本章小结

图像增强是数字图像处理的一个重要分支。图像增强主要是指依据特定的需要突出数字图像中的某些信息，并且削弱或去除某些冗余信息的处理方法。由于很多图像场景条件的不利影响造成拍摄的视觉效果不佳，就需要图像增强技术来改善人的视觉效果，如突出图像中物体的某些特点、从数字图像中提取目标物的特征参数等，这些工作都将对后续的图像目标识别、跟踪和理解提供有力帮助。

目前，我国在借鉴国外相对成熟理论体系和技术的条件下，增强技术和应用也有了很大的发展，已经渗透到医学诊断、航空航天、军事侦察、指纹识别、无损探伤、卫星图像等众多领域，在国民经济中发挥的作用越来越大。

本章对空间域图像增强和频域图像增强技术进行重点介绍。空间域增强技术中，主要介绍了基于点运算和邻域运算的方法；频域增强技术则按照需要保留的频域信息不同，重点介绍低通滤波、高通滤波、带通滤波与带阻滤波、同态滤波等方法。在本章的最后，简要介绍了图像复原与图像增强的关系与区别，并指出基于深度学习的图像复原方法是一项具有挑战性的课题。

习题

1. 为什么需要图像增强？其主要目标是什么？
2. 列举图像增强的分类。
3. 描述空间域增强的分类及主要方法。
4. 什么是图像的灰度直方图？图像灰度直方图的作用及缺陷是什么？
5. 分析图像平滑与图像锐化的特点。

6．分析中值滤波法在图像平滑中的优缺点。

7．结合本章内容，分析可用于图像平滑操作的空间域及频域方法。

8．简述图像复原与图像增强的异同点。

9．操作题：用 Python 软件实现图像灰度直方图的计算。

10．操作题：用 Python 软件实现基于直接灰度变换的图像增强。

11．操作题：用 Python 软件基于某一图像实例选择合适的滤波器进行低通滤波、高通滤波及带通滤波实验，分析并比较各滤波器的性能。

12．操作拓展题：用 Python 软件实现对一幅图像进行同态滤波。

第6章　图像形态学处理

形态学（Morphology）是数字图像处理领域中应用最广泛的一种非线性图像处理方法。其基本思路是用具有一定形态的结构元素去度量图像中的对应形状，从图像中提取对表述区域有意义的图像分量（如边界、连通区域等），从而达到图像分析和识别的目的。

6.1　图像形态学概述

6.1.1　图像形态学发展

形态学最初属于生物学中研究动植物结构的分支学科。形态学在图像处理领域的应用最早可以追溯到 1964 年，法国巴黎矿业学院的 Matheron 和他的学生 Serra 在法国洛林地区的铁矿核做定量岩相分析研究时，用计算铁矿核切片的多形态图的方法取代刚体力学方法，并研制出基于数学形态学的图像处理系统，奠定了这门学科的理论基础，如击中（Hit）/击不中（Miss）变换、开闭运算、布尔模型及纹理分析器的原型等。

在数学形态学理论方面，20 世纪 70 年代以 Matheron 的工作为主要标志，拓扑学基础、递增映射、凸性分析、随机集的若干模型等在 Matheron 于 1973 年完成的 *Ensembles Aleatoireset Geometrie Integrate* 一书中均有体现。该书奠定了数学形态学的理论基础。1982 年，Serra 出版的专著 *Image Analysis and Mathematical Morphology* 是数学形态学发展的里程碑，表明在理论上数学形态学已接近完备，实际应用不断深入发展。20 世纪 80 年代初，数学形态学出现了新的应用领域，包括工业控制、放射医学、运动场景分析等。

图像形态学处理是在数学形态学的基础上发展起来的非线性图像处理方法。近年来，图像形态学处理在图像处理和机器视觉领域得到广泛应用，形成了一种独特的图像处理分析方法。我国早在 20 世纪 70 年代便引入了数学形态学为基础的实用图像处理系统，近年来，也研制出了以数学形态学为基础的实用图像处理系统，如中国科学院软件研究所、中国科学院电子研究所和中国科学院自动化研究所研制的癌细胞自动识别系统等。1989 年电子工业出版社出版的《数字图像处理》教材收录了数学形态学的有关内容。此外，国内还出版了一定数量的有关数学形态学方面的著作和论文。

图像形态学主要以图像的形态特征为研究对象，用具有一定形态的结构元素去度量和提取图像中对应的形状，实现对图像的分析和识别，是一种特殊的数字图像处理方法和理论。图像形态学理论虽然较为复杂，但是其基本思想却很简单且趋于完美。

图像形态学处理与其他空间域或频域图像处理与分析方法相比，具有明显的优势。例如，基于数学形态学的边缘提取法优于基于微分运算的边缘提取法，它不像微分算法对噪声那样敏感，提取的边缘比较光滑；利用数学形态学方法提取的图像骨架也比较连续，断点很少。

6.1.2　数学形态学基础

数学形态学的理论基础是集合论，下面介绍一些集合论和数学形态学的符号和术语。在图像的形态学处理中，将一幅图像或图像中的目标区域称为一个集合，用大写字母 A、B、C 等表示；而单个的像素通常称为元素。

1. 集合

1）集合与元素

设集合 $A=\{a,b,c,d\}$，即集合 A 中有 a、b、c、d 四个元素，则有

$$a \in A \tag{6-1}$$

表示 a 是集合 A 中的元素，a 属于集合 A。另外有

$$e \notin A \tag{6-2}$$

表示 e 不是集合 A 中的元素，如图 6.1（a）所示。

2）集合的基本运算

集合的基本运算主要包括并集、交集、补集、差集、包含五类。

（1）并集：

$$D = A \cup B \tag{6-3}$$

即集合 A 和集合 B 的并集为集合 D，集合 D 包含集合 A 和集合 B 中的所有元素，如图 6.1（b）所示。

（2）交集：

$$C = A \cap B \tag{6-4}$$

即集合 A 和集合 B 的交集为集合 C，集合 C 中的元素既属于集合 A 又属于集合 B，如图 6.1（c）所示。

如果集合 A 和集合 B 没有共同元素，那么 $A \cap B=0$。

（3）补集：

$$E = A^{C} = \{e \mid e \notin A\} \tag{6-5}$$

即集合 E 为集合 A 的补集，集合 E 是由集合 A 之外的所有元素组成的，如图 6.1（d）所示。

（4）差集：

$$F = A - B = \{f \mid f \in A, f \notin B\} = A \cap B^{C} \tag{6-6}$$

即集合 F 为集合 A 和集合 B 的差集，由所有属于 A 但不属于 B 的元素构成，如图 6.1（e）所示。

（5）包含：

$$A \subseteq B \tag{6-7}$$

即集合 A 是集合 B 的子集，读作 B 包含 A，集合 A 中的任意元素 x 都属于集合 B，如图 6.1（f）所示。

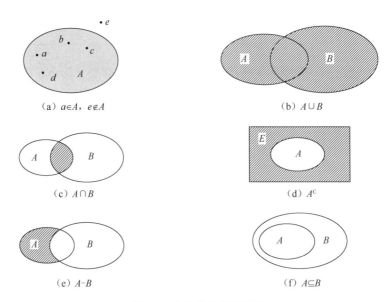

图 6.1　集合基本运算图解

2．击中与击不中

1）击中

对于两个集合 A 和 B，若存在一个点，它既是集合 A 中的元素，又是集合 B 中的元素，即 $A \cap B \neq \varnothing$，集合 A 和集合 B 的交集不为空集，则称 B 击中 A，记作 $B \uparrow A$，如图 6.2（a）所示。

2）击不中

若不存在任何一点既是集合 A 的元素，又是集合 B 的元素，即 $A \cap B = \varnothing$，集合 A 和集合 B 的交集为空集，则称 B 击不中 A，如图 6.2（b）所示。

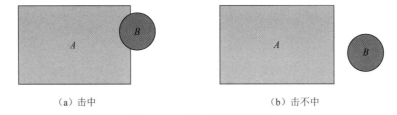

图 6.2　击中与击不中图解

3．平移和对称

1）平移

假设一幅数字图像用集合 A 表示，如图 6.3（a）所示，b 是一个点，如图 6.3（b）所示，则集合 A 被点 b 平移后的结果为 $A+b= \{a+b|a \in A\}$，即将集合 A 中的每个点的坐标值与点 b 的坐标值相加，得到新点的坐标值，由这些新点构成的图像就是集合 A 被点 b 平移的结果，记为 $A+b$，如图 6.3（c）所示。

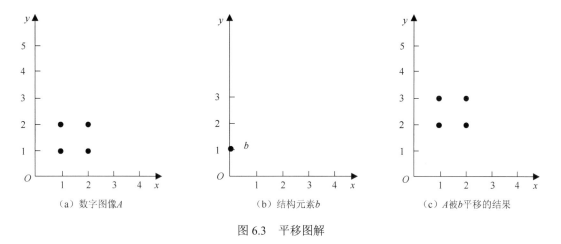

图 6.3　平移图解

2）对称

对称也称为映射或反射，假设一幅图像用集合 B 表示，将集合 B 中每个元素的坐标值取反，即点 (x, y) 的对称点坐标为 $(-x, -y)$，由该类对称点构成的集合称为集合 B 的对称集，记作 $B^{\vee}$，如图 6.4 所示。

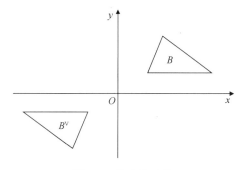

图 6.4　集合的对称

4．结构元素

结构元素是数学形态学中最基本、最重要的概念之一。

设有两幅图像 S 和 X，其中 X 是被处理的对象，而 S 是用来处理 X 的，则称 S 为结构元素，结构元素通常都是一些比较小的图像。在结构元素中可以指定一个点为原点，通常图像形态学处理以在图像中移动一个结构元素并进行一种类似于卷积运算的方式进行，以逻辑运算代替卷积的乘加运算。逻辑运算的结果保存在输出的新图像对应点的位置，所以图像形态学处理的效果取决于结构元素的大小、内容和逻辑运算的性质。结构元素 S 又被形象地称作刷子。常见的结构元素形状如图 6.5 所示。

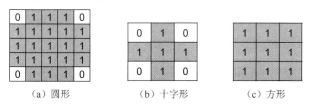

（a）圆形　　　　　（b）十字形　　　　　（c）方形

图 6.5　常见的结构元素形状

对图像进行分析时，需要采用收集图像信息的探针（结构元素）。假设有两幅图像 S 和 X，其中，X 是被处理的图像对象，而 S 是用来处理 X 的结构元素。结构元素具有一定的几何形状，如圆形、十字形、方形、有向线段等。这时可以通过结构元素在图像中的不断移动来分析图像中各部分之间的关系，从而提取图像中有用的特征进行分析和描述。采用结构元素分析图像时，可以指定一个原点，它是结构元素参与形态学运算的参考点，该原点可以在结构元素内也可以在结构元素外，二者产生的运算结果会因此而不同。

一般情况下，结构元素是一个仅由 0 和 1 组成的矩阵，数值 1 代表邻域内的像素，形态学运算都只对数值为 1 的区域进行运算。结构元素的选取会直接影响形态学运算的结果，因此要根据实际情况而定。一般结构元素大多是圆形、十字形或方形。

需要注意的是，运算中的两个集合不能看作相互对等的，一般设定集合 A 为图像集合，B 是结构元素，形态学运算将使用结构元素 B 对集合 A 进行操作。

6.1.3 在 Python 软件中创建结构元素

基于前面对常见结构元素的认识，本节将介绍如何在 Python 软件中使用创建结构元素函数实现结构元素的创建。

使用格式： cv2.getStructuringElement(结构元素形状, 原点坐标)。

参数说明：

（1）结构元素形状：方形 MORPH_RECT；十字形 MORPH_CROSS；圆形 MORPH_ELLIPSE。

（2）原点坐标：默认为(0, 0)。

方形结构元素运行程序：

```
import cv2
kernel=cv2.getStructuringElement(cv2.MORPH_RECT, (5,5))
print (kernel)
```

运行结果：显示方形结构元素，如图 6.6 所示。

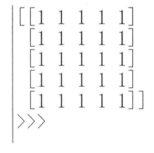

$$
\begin{bmatrix}
1 & 1 & 1 & 1 & 1 \\
1 & 1 & 1 & 1 & 1 \\
1 & 1 & 1 & 1 & 1 \\
1 & 1 & 1 & 1 & 1 \\
1 & 1 & 1 & 1 & 1
\end{bmatrix}
$$
>>>

图 6.6 方形结构元素程序运行结果

十字形结构元素运行程序：

```
import cv2
kernel=cv2.getStructuringElement(cv2.MORPH_CROSS,(5,5))
print (kernel)
```

运行结果：显示十字形结构元素，如图 6.7 所示。

$$
\begin{bmatrix}
[0 & 0 & 1 & 0 & 0] \\
[0 & 0 & 1 & 0 & 0] \\
[1 & 1 & 1 & 1 & 1] \\
[0 & 0 & 1 & 0 & 0] \\
[0 & 0 & 1 & 0 & 0]]
\end{bmatrix}
$$
>>>

图 6.7　十字形结构元素程序运行结果

圆形结构元素运行程序：

```
import cv2
kernel=cv2.getStructuringElement(cv2.MORPH_ELLIPSE,(5,5))
print (kernel)
```

运行结果：显示圆形结构元素，如图 6.8 所示。

$$
\begin{bmatrix}
[0 & 0 & 1 & 0 & 0] \\
[1 & 1 & 1 & 1 & 1] \\
[1 & 1 & 1 & 1 & 1] \\
[1 & 1 & 1 & 1 & 1] \\
[0 & 0 & 1 & 0 & 0]]
\end{bmatrix}
$$
>>>

图 6.8　圆形结构元素程序运行结果

6.2　二值图像形态学处理

图像形态学处理可以分为二值图像形态学处理和灰度图像形态学处理。

在二值图像形态学处理中，待处理图像和结构元素都为二值图像。其基本运算有四种：膨胀、腐蚀、开运算与闭运算，基于这些基本运算还可以推导和组合成各种图像形态学运算方法。其中，膨胀和腐蚀是两种最基本也是最重要的形态学运算，它们是很多高级形态学处理的基础。

在二值图像中，我们通常习惯将前景（物体）用黑色（灰度值为 0）表示，而背景用白色（灰度值为 255）表示。但 Python 软件中习惯将前景（物体）设定为白色（二值图像中灰度值为 1 的像素，或灰度图像中灰度值为 255 的像素），背景为黑色。本章涉及 Python 软件的所有程序实例都遵从这种前景认定习惯，因此图 6.9 中的两幅图像从形态学处理角度来说，意义是相同的。

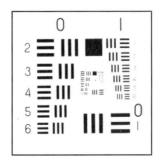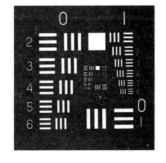

图 6.9　二值图像

对于图 6.9 中的两幅图片，只需要在图像形态学处理前先对图像反色，就可以在两种表达方式之间自由切换。

6.2.1 膨胀及其实现

1. 概念

膨胀是将与物体边界接触的背景像素合并到物体中，使物体边界向外扩张的过程。经过膨胀操作后，物体目标比原来更大，可以填充图像中的小孔及在图像边缘处的小凹陷。因此，膨胀可以合并裂缝、填补或缩小内部空洞。集合 A 用结构元素 B 膨胀表示为

$$A \oplus B = \left\{ x \left| \left[\left(\hat{B} \right)_x \cap A \right] \neq \varnothing \right. \right\} \tag{6-8}$$

式中，$\hat{B}$ 表示 B 关于原点对称的映射；$(B)_x$ 表示对 B 平移 x 的结果，因此 $\left(\hat{B} \right)_x$ 是对 B 进行原点的对称映射后再平移 x 的结果；$\cap$ 表示求交集运算；$\varnothing$ 表示空集；$\oplus$ 表示膨胀运算，$A \oplus B$ 表示 B 对 A 的膨胀运算。因此，由式（6-8）可知，用 B 膨胀 A 实际上就是 $\hat{B}$ 的位移与 A 至少有一个元素相交时，B 的原点位置的集合。膨胀运算满足交换律，即 $A \oplus B = B \oplus A$。

2. 膨胀运算过程

图 6.10 所示为膨胀运算的过程，其中，图 6.10（a）为二值图像，黑色像素为目标，白色像素为背景；图 6.10（b）为二值结构元素，黑色为结构元素的点，结构元素的原点 d 在结构元素的外部，d 也可以在结构元素的内部；图 6.10（c）为结构元素关于原点对称的映射；图 6.10（d）为结构元素对图像膨胀的结果。

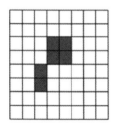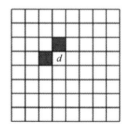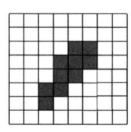

（a）二值图像　　　　（b）二值结构元素　　（c）结构元素关于原点对称的映射（d）结构元素对图像膨胀的结果

图 6.10　膨胀运算的过程

3. 在 Python 软件中实现图像膨胀操作

基于膨胀运算的知识介绍，在 Python-OpenCV 环境下，使用函数 cv2.dilate()实现图像膨胀操作。

使用格式：cv2.dilate(输入图像, 结构元素类型, 膨胀次数)。

参数说明：

（1）输入图像：输入图像数据，即函数 imread()的返回值。

（2）结构元素类型：矩形 MORPH_RECT；十字形 MORPH_CROSS；椭圆形 MORPH_ELLIPSE。

（3）膨胀次数：默认值为 1。

运行程序：

```
import cv2
import numpy as np
from matplotlib import pyplot as plt
img = cv2.imread("APC.png",1)
#矩形结构
kernel1 = cv2.getStructuringElement(cv2.MORPH_RECT, (3,3))
#椭圆形结构
kernel2 = cv2.getStructuringElement(cv2.MORPH_ELLIPSE, (3,3))
#十字形结构
kernel3 = cv2.getStructuringElement(cv2.MORPH_CROSS, (3,3))
#膨胀
dilation1 = cv2.dilate(img,kernel1,iterations = 3)
dilation2 = cv2.dilate(img,kernel2,iterations = 3)
dilation3 = cv2.dilate(img,kernel3,iterations = 3)

#显示图像
plt.figure(figsize = (20, 15))
plt.subplot(141),plt.imshow(img),plt.title('Original')
plt.xticks([]), plt.yticks([])
plt.subplot(142),plt.imshow(dilation1),plt.title('RECT')
plt.xticks([]), plt.yticks([])
plt.subplot(143),plt.imshow(dilation2),plt.title('ELLIPSE')
plt.xticks([]), plt.yticks([])
plt.subplot(144),plt.imshow(dilation3),plt.title('CROSS')
plt.xticks([]), plt.yticks([])
plt.show()
```

运行结果：显示原图像和三种结构元素膨胀后的结果，如图 6.11 所示。

（a）原图像

（b）矩形结构元素膨胀结果　　（c）椭圆形结构元素膨胀结果　　（d）十字形结构元素膨胀结果

图 6.11　图像膨胀结果

从实验结果可以看出，矩形结构元素可以使图像轮廓的水平、垂直拐点处膨胀后依然整齐、垂直；椭圆形结构元素可以使轮廓的拐点处具有平滑和圆润的弧线，更好地保持原图像的轮廓曲线；十字形结构元素倾向于使轮廓的拐点处具有十字状的锯齿形状。因此，膨胀后的图像拐点处的轮廓形状与结构元素的形状有关。

6.2.2 腐蚀及其实现

1．概念

腐蚀运算是膨胀运算的对偶。腐蚀是一种消除边界点，使边界向内部收缩的过程。腐蚀本质上是使目标区域范围变小，同时目标中的空洞、缝隙变大的操作，可能会造成原来连接较窄的部分断开。

集合 A 用结构元素 B 进行腐蚀，表示为

$$A \ominus B = \{x : B_x \subseteq A\} \tag{6-9}$$

式（6-9）表明，集合 A 被结构元素 B 腐蚀的结果是使结构元素 B 平移 x 后仍在集合 A 中的全体 x 的集合，即用结构元素 B 来腐蚀集合 A 得到的集合是使结构元素 B 完全包括在集合 A 中时结构元素 B 的原点位置的集合。

2．腐蚀运算过程

图 6.12 所示为腐蚀运算的过程，其中，图 6.12（a）为二值图像，黑色像素为目标，白色像素为背景；图 6.12（b）为二值非对称结构元素，黑色为结构元素的点，所用结构元素的原点 d 在结构元素的内部；图 6.12（c）为结构元素对图像腐蚀的结果。

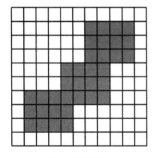 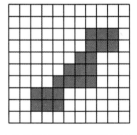

（a）二值图像   （b）二值非对称结构元素   （c）结构元素对图像腐蚀的结果

图 6.12　腐蚀运算的过程

3．在 Python 软件中实现图像腐蚀操作

在 Python-OpenCV 环境下，使用函数 cv2.erode()实现图像腐蚀操作。

使用格式：cv2.erode(输入图像, 结构元素类型, 腐蚀次数)。

参数说明：

（1）输入图像：输入图像数据，即函数 imread()的返回值。

（2）结构元素类型：矩形 MORPH_RECT；十字形 MORPH_CROSS；椭圆形 MORPH_ELLIPSE。

（3）腐蚀次数：默认值为 1。

运行程序：

```
import cv2
import numpy as np
```

```
from matplotlib import pyplot as plt

img = cv2.imread("test.jpg",1)
kernel1 = cv2.getStructuringElement(cv2.MORPH_RECT, (3, 3))
kernel2 = cv2.getStructuringElement(cv2.MORPH_ELLIPSE, (3, 3))
kernel3 = cv2.getStructuringElement(cv2.MORPH_CROSS, (3, 3))
#腐蚀
erosion1 = cv2.erode(img,kernel1,iterations = 3)
erosion2 = cv2.erode(img,kernel2,iterations = 3)
erosion3 = cv2.erode(img,kernel3,iterations = 3)

#显示图像
plt.figure(figsize = (20,15))
plt.subplot(141),plt.imshow(img),plt.title('Original')
plt.xticks([]), plt.yticks([])
plt.subplot(142),plt.imshow(erosion1),plt.title('RECT')
plt.xticks([]), plt.yticks([])
plt.subplot(143),plt.imshow(erosion2),plt.title('ELLIPSE')
plt.xticks([]), plt.yticks([])
plt.subplot(144),plt.imshow(erosion3),plt.title('CROSS')
plt.xticks([]), plt.yticks([])
plt.show()
```

运行结果：显示原图像和三种结构元素腐蚀后的结果，如图 6.13 所示。

（a）原图像

（b）矩形结构元素腐蚀结果　　　　　（c）十字形结构元素腐蚀结果　　　　　（d）椭圆形结构元素腐蚀结果

图 6.13　图像腐蚀结果

从实验结果看出，使用矩形结构元素腐蚀图像时，只剩下部分拐点处的散点没有腐蚀掉，腐蚀能力较强；十字形和椭圆形结构元素腐蚀图像后物体的整个轮廓仍较为清晰，腐蚀能力较弱。

需要说明的是，随着腐蚀使用的结构元素逐步增大，小于结构元素的物体会相继消失。选择合适大小和形状的结构元素，可将其作为滤波器。但是，利用腐蚀滤波存在一个问题，即在去除噪声点的同时，图像中前景物体的形状会发生改变。如果我们只关心物体的位置或个数，应用不受影响。

6.2.3 开运算及其实现

1．概念

膨胀运算可以填充图像中比结构元素小的孔洞及图像边缘处的小凹陷，使图像扩大；腐蚀运算可以消除图像边缘的某些小区域，使图像缩小。膨胀和腐蚀并非互逆运算，它们可级联使用。在腐蚀和膨胀的基础上，可以构造数学形态学的其他运算算子。开运算和闭运算是形态学中两个非常重要的组合运算。

结构元素 B 对集合 A 的开运算定义为使用相同的结构元素，先对图像进行腐蚀再膨胀，记作 A∘B，表示为

$$A \circ B = (A \ominus B) \oplus B \tag{6-10}$$

2．开运算过程

一般来说，开运算使图像的轮廓变得光滑，断开狭窄连接并消除细毛刺。开运算与腐蚀不同的是，图像并没有整体变小，物体位置也没有发生任何变化，开运算效果模拟如图 6.14 所示。

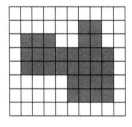　　　　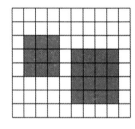

（a）原图像　　　　　　（b）结构元素　　　　（c）开运算结果

图 6.14　开运算效果模拟

3．在 Python-OpenCV 环境下实现图像开运算操作

本节将在 Python-OpenCV 环境下使用函数 cv2.morphologyEx()实现图像开运算操作。

使用格式：cv2.morphologyEx(输入图像，开运算，结构元素)，该函数是一种形态学函数。数学形态学可以理解为一种滤波，因此也称为形态学滤波。

参数说明：

（1）输入图像：输入图像数据，即函数 imread()的返回值。img 为待处理二值图像。

（2）开运算：开运算函数为 cv2.MORPH_OPEN，先腐蚀再膨胀的过程。开运算可以用来消除小黑点，在纤细处分离物体、平滑较大物体的边界的同时不明显改变其面积。

（3）结构元素：十字形结构元素、矩形结构元素、椭圆形结构元素。

运行程序：

```
import numpy as np
from matplotlib import pyplot as plt

img1=cv.imread("test.jpg",0)
```

```
#反二值化，小于 127 的值设为 255，即黑变白；大于 127 的值设为 0，即白变黑
ret,img2=cv.threshold(img1,127,255,cv.THRESH_BINARY_INV)
kernel=np.ones((3,3),np.uint8) #定义一个 3×3 的卷积核
#开运算
opening2=cv2.morphologyEx(img2,cv.MORPH_OPEN,kernel)
#显示图像
plt.subplot(121),plt.imshow(img1,cmap='gray'), plt.title('Original')
plt.xticks([]), plt.yticks([])
plt.subplot(122),plt.imshow(img2,cmap='gray'), plt.title('Opening')
plt.xticks([]), plt.yticks([])
plt.show()
```

运行结果：显示原图像和开运算后的图像，如图 6.15 所示。

（a）原图像　　　　　　　　　　　　（b）开运算后的图像

图 6.15　图像开运算

从开运算后的图像可以看出，原图像经过开运算后，能够去除孤立或狭窄的点、线、毛刺和小桥（连通两块区域的细窄连接部分），而位置和整体形状不变。

6.2.4　闭运算及其实现

1．概念

闭运算是开运算的对偶运算。结构元素 B 对集合 A 的闭运算，定义为使用相同的结构元素，先对图像进行膨胀再腐蚀，记作 $A·B$，定义：

$$A \cdot B = (A \oplus B) \ominus B \tag{6-11}$$

2．闭运算过程

闭运算同样可以使轮廓变得光滑，但与开运算相反，它通常能够弥合狭窄的间断，填充小的孔洞，闭运算效果模拟如图 6.16 所示。

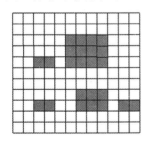 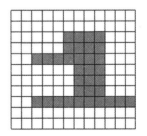

（a）原图像　　　　　　　（b）结构元素　　　　　　（c）闭运算结果

图 6.16　闭运算效果模拟

3．在 Python-OpenCV 环境下实现图像闭运算操作

本节将在 Python-OpenCV 环境下使用函数 cv2. morphologyEx()实现图像闭运算操作。

使用格式：cv2.morphologyEx(输入图像, 闭运算, 结构元素)。

参数说明：

（1）输入图像：输入图像数据，即函数 imread()的返回值。

（2）闭运算：闭运算函数为 cv2.MORPH_CLOSE，先膨胀再腐蚀的过程。经过闭运算处理后图像的小黑洞被填充。

（3）结构元素：十字形结构元素、矩形结构元素、椭圆形结构元素。

运行程序：

```
import numpy as np
from matplotlib import pyplot as plt
img1=cv.imread("test.jpg",0)
#反二值化，小于 127 的数设为 255，即黑变白；大于 127 的数设为 0，即白变黑。
ret,img2=cv.threshold(img1,127,255,cv.THRESH_BINARY_INV)
kernel=np.ones((3,3),np.uint8) #定义一个 3×3 的卷积核
closing=cv2.morphologyEx(img2,cv.MORPH_CLOSE,kernel) #闭运算
#显示图像
plt.subplot(121),plt.imshow(img1,cmap='gray'),plt.title('Original')
plt.xticks([]), plt.yticks([])
plt.subplot(122),plt.imshow(img2,cmap='gray'),plt.title('Closing')
plt.xticks([]), plt.yticks([])
plt.show()
```

运行结果：显示原图像和闭运算后的图像，如图 6.17 所示。

（a）原图像　　　　　　　　　　　（b）闭运算后的图像

图 6.17　图像闭运算

从闭运算后的图像可以看出，原图像经过闭运算后，能够填充图像中的小区域、黑洞或窄缝（见图 6.17 中"齐""鲁"两字前后的差异），而位置和整体形状不变。

6.3　灰度图像形态学处理

20 世纪 70 年代末 80 年代初，人们开始对灰度图像形态学处理进行研究，从而使得数学形态学不仅可以用于二值图像，还可以用于灰度图像和彩色图像。

把二值图像的四种基本形态学运算扩展到灰度图像中，就可以得到对应的灰度膨胀、灰度腐蚀、灰度开运算和灰度闭运算。与二值图像形态学处理不同，灰度图像形态学处理对象不再是集合，而是图像函数。本节中用 $F(x, y)$ 表示输入图像，$S(x, y)$ 表示结构元素。$F(x, y)$ 和 $S(x, y)$ 不再是代表形状的集合，而是二维函数。函数中的 (x, y) 表示图像中像素的坐标。在二值

图像形态学处理中基本的交运算、并运算在灰度形态学中分别用最大值（Maximum）和最小值（Minimum）代替。

6.3.1　灰度图像膨胀

1. 概念

灰度图像膨胀实质是将邻域内的最大值作为输出。用结构元素 $S(x, y)$ 对输入图像 $F(x, y)$ 进行膨胀运算，表示为 $(F \oplus S)$，其定义为

$$(F \oplus S)(x, y) = \max\left[F(x-a, y-b) + S(a, b)\right] \quad ((x-a)、(y-b) \in D_F, (a, b) \in D_S) \quad (6\text{-}12)$$

式中，D_F、D_S 分别为输入图像 F 和结构元素 S 的定义域，a 和 b 必须在结构元素 S 的定义域内，而平移参数 $(x-a)$ 和 $(y-b)$ 要求在输入图像 F 的定义域内。那么，在灰度图像膨胀后，图像 $F(x, y)$ 在其定义域内每一点 (x, y) 处的取值为以 (x, y) 为中心、在结构元素 $S(x, y)$ 规定的局部邻域内元素的最大值。

2. 灰度图像膨胀运算过程

为简化灰度图像膨胀运算过程，本节选用二值结构元素，点 (x, y) 处的灰度图像膨胀运算简化为以 (x, y) 为中心、在结构元素 $S(x, y)$ 规定的邻域内的像素最大值。

待处理灰度图像 F 和 3×3 的结构元素 S 如图 6.18 所示，结构元素的原点在其中心位置上。下面描述灰度图像 F 的膨胀运算过程。

（1）将结构元素 S 的原点重叠在灰度图像 F 的第一个元素 $F(0, 0)$=106 上。

（2）灰度图像 $F(0, 0)$ 的结构元素 S 限定的邻域范围内元素的最大值为 147，即 $F(0, 0)$ 膨胀后的值。

（3）依据该方法获得灰度图像 F 中其他元素膨胀后的值，就可得到灰度图像 F 膨胀后的结果。

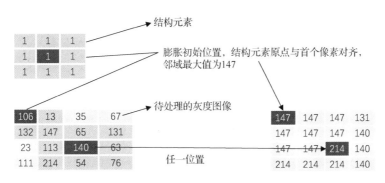

图 6.18　灰度图像膨胀运算过程

由灰度图像膨胀运算过程可以看出，灰度图像的膨胀运算可以使一个孤立的高亮噪声扩大化。

3. 在 Python-OpenCV 环境下实现灰度图像膨胀操作

本节在 Python-OpenCV 环境下使用函数 cv2.dilate() 实现灰度图像膨胀操作，函数中的参数说明可以参看 6.2.1 节的二值图像膨胀函数。

运行程序：

```
import cv2
import numpy as np
from matplotlib import pyplot as plt
img = cv2.imread("D:\cameraman.tif",1)
kernel= cv2.getStructuringElement(cv2.MORPH_RECT,(7,7))  #矩形结构元素
dilation = cv2.dilate(img,kernel,iterations = 1)  #膨胀
#显示图像
plt.figure(figsize = (20, 15))
plt.subplot(121),plt.imshow(img),plt.title('Original')
plt.xticks([]), plt.yticks([])
plt.subplot(122),plt.imshow(dilation),plt.title('Dilate')
plt.xticks([]), plt.yticks([])
plt.show()
```

运行结果：灰度图像膨胀结果如图 6.19 所示。

（a）原图像　　　　　　　　　（b）灰度膨胀后的图像

图 6.19　灰度图像膨胀结果

从灰度图像膨胀结果可以看出，灰度图像膨胀操作使得灰度图像被暗区包围的亮区面积变大，较小的暗色区域面积变小。膨胀对灰度图像中灰度变化较大的区域的作用效果更明显。

6.3.2　灰度图像腐蚀

1. 概念

灰度图像腐蚀是灰度图像膨胀的对偶操作，将邻域内的最小值作为输出，邻域仍然是由各种算子模板来定义的。在灰度图像中，用结构元素 $S(x, y)$ 对输入图像 $F(x, y)$ 进行腐蚀，表示为 $F \ominus S$，具体定义为

$$(F \ominus S)(x, y) = \min \left[F(x+a, y+b) - S(a,b) \right] ((a+x)、(b+y) \in D_F, (a,b) \in D_S) \quad (6\text{-}13)$$

式中，D_F、D_S 分别为输入图像 F 和结构元素 S 的定义域，a 和 b 必须在结构元素 S 的定义域内，而平移参数 $(a+x)$ 和 $(b+y)$ 要求在输入图像 F 的定义域内。在灰度腐蚀运算后，输入图像 $F(x, y)$ 在其定义域内每一点 (x, y) 处的取值为以 (x, y) 为中心、在结构元素 $S(x, y)$ 规定的局部邻域内对应像素的最小值。

2．灰度图像腐蚀运算过程

为简化运算过程，本节选用二值结构元素，点(x, y)处的灰度图像腐蚀运算简化为求以(x, y)为中心、在结构元素函数$S(x, y)$限定的邻域内的像素最小值。

待处理灰度图像 F 和 3×3 的结构元素 S 如图 6.20 所示，结构元素的原点在其中心位置上。下面描述灰度图像 F 的腐蚀运算过程。

（1）将结构元素 S 的原点重叠在灰度图像 F 的第一个元素 $F(0, 0)=106$ 上。

（2）在 $F(0, 0)$的结构元素 S 限定的领域范围内元素的最小值为 13，即当前 $F(0, 0)$被腐蚀后的值。

（3）依据该方法获得灰度图像 F 中其他元素腐蚀后的值，就可得到灰度图像 F 腐蚀后的结果。

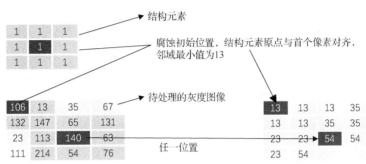

图 6.20　灰度图像腐蚀运算过程

3．在 Python-OpenCV 环境下实现灰度图像腐蚀操作

本节在 Python-OpenCV 环境下使用函数 cv2.erode()实现灰度图像腐蚀操作，函数中的参数介绍可以参看 6.2.2 节的二值图像腐蚀函数。

运行程序：

```
import cv2
import numpy as np
from matplotlib import pyplot as plt

img = cv2.imread("D:\cameraman.tif",1)
kernel = np.ones((10,10),np.uint8) #通过 NumPy 构建矩形结构元素
#通过 cv2.getStructuringElement()生成矩形结构元素
kernel1 = cv2.getStructuringElement(cv2.MORPH_RECT, (10, 10))
#腐蚀
erosion = cv2.erode(img,kernel,iterations = 1)
#显示图像
plt.figure(figsize = (20,15))
plt.subplot(121),plt.imshow(img),plt.title('Original')
plt.xticks([]), plt.yticks([])
plt.subplot(122),plt.imshow(erosion),plt.title('ones')
```

```
plt.xticks([]), plt.yticks([])
plt.show()
```

运行结果：显示原图像和腐蚀后的图像，如图 6.21 所示。

（a）原图像　　　　　　　　（b）腐蚀后的图像

图 6.21　灰度图像腐蚀结果

从灰度图像腐蚀结果可以看出，腐蚀操作使原灰度图像较小的亮色区域面积缩小，而暗色区域面积增大。同膨胀相似，腐蚀对灰度图像中灰度变化快的区域作用效果更明显。

6.3.3　灰度图像开运算与闭运算

基于灰度图像的膨胀与腐蚀运算，可以定义灰度图像的开运算和闭运算。其定义与它们在二值图像数学形态学中的对应运算一致。用结构元素 S 对灰度图像 F 进行开运算记为 $F \circ S$，其定义为

$$F \circ S = (F \ominus S) \oplus S \tag{6-14}$$

用结构元素 S 对灰度图像 F 做闭运算记为 $F \cdot S$，其定义为

$$F \cdot S = (F \oplus S) \ominus S \tag{6-15}$$

在 Python-OpenCV 环境下使用函数 cv2.MORPH_OPEN 和函数 cv2.MORPH_CLOSE 对灰度图像进行开运算和闭运算，用法与灰度图像腐蚀和膨胀类似，本节不再赘述。

在实际应用中，灰度图像开运算常用于去除那些小于结构元素 S 的亮区域，而对于较大的亮区域影响不大。先进行的灰度图像腐蚀会在去除图像细节的同时使得整体灰度下降，再进行灰度膨胀会增强图像的整体亮度，因此可以保证图像的整体灰度基本不变。灰度闭运算常用于去除图像中的暗细节部分，而高亮度部分基本不受影响，如图 6.22 所示。

（a）原图像　　　（b）灰度图像开运算结果　　　（c）灰度图像闭运算结果

图 6.22　灰度图像开运算与闭运算结果

6.4 图像形态学处理应用

图像形态学处理通过结构元素的相关运算，获取图像重要信息，其主要应用有：

（1）利用数学形态学的基本运算，对图像进行处理，达到改善图像质量的目的。

（2）描述和定义图像的各种几何参数和特征，如面积、周长、连通性、轮廓、骨架和方向性等。

本节介绍两种最常用、最基础的图像形态学应用，即边界提取和区域填充。

1. 边界提取

（1）边界提取概念。

轮廓是对物体形状的有力描述，对图像的分析和识别十分有用，是图像处理领域的经典问题之一。边界提取算法可以有效获得图像中前景物体的边界轮廓。

提取边界，最常用的方法是将所有前景物体内部的点删除（用背景色表示），可用逐行扫描原图像的方式进行。判断依据为若当前位置为前景点（黑色点）其 8 邻域位置都是黑色，则当前点为内部点，应在目标轮廓中将其删除。该过程可采用一个 3×3 的结构元素对原图像进行腐蚀操作，使得只有 8 邻域内都有黑点的内部点被保留。再用原图像减去腐蚀后的图像，达到删除内部点的目的，保留前景物体的边界像素，如图 6.23 所示。

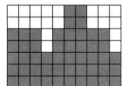
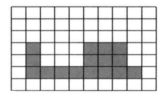
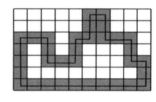

（a）原图像　　　　（b）结构元素　　　　（c）腐蚀后图像　　　　（d）原图像减去腐蚀后的图像

图 6.23 图像边界提取过程

（2）边界提取实现。

在 Python-OpenCV 环境下，使用函数 cv2. erode()实现边界提取。

使用格式：cv2. erode(图像数据, 结构元素, 迭代次数)。

运行程序：

```
import cv2
import numpy as np
img = cv2.imread(r"D:\qlu.jpg",1)
kernel = np.ones((3,3) ,np.uint8)
r=cv2.erode(img,kernel,iterations=1)
e=img-r
cv2.imshow( 'img' ,img)
cv2.imshow( 'edge',e)
cv2.waitKey( )
```

运行结果：显示原图像和边界提取结果，如图 6.24 所示。

（a）原图像   （b）提取图像边界

图 6.24　边界提取结果

2．区域填充

区域填充可视为边界提取的反过程，是在边界已知的情况下得到边界包围的整个区域的过程。

设二值图像中含有一个目标区域的边界，边界值为 1，非边界值为 0，边界点的集合为集合 A，从边界内一点 P 开始，令 $X_0=P=1$，采用如下迭代式进行区域填充：

$$X_k = (X_{k-1} \oplus B)A^C \quad k = 1,2,3,\cdots \tag{6-16}$$

式中，B 为对称结构元素，式（6-16）迭代至 $X_k = X_{k-1}$ 时停止，每一步的结果与 A 的补集 A^C 求交集，把结果限制在感兴趣区内。最后，集合 A 和 X_k 的并集即边界及填充部分，算法最后产生一个单连通域。

在 Python-OpenCV 环境下使用形态学方法填充图像中的空洞，效果如图 6.25 所示，读者可以自行编写程序。

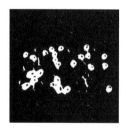
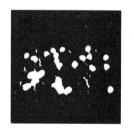

（a）原图像   （b）填充后的图像

图 6.25　区域填充结果

6.5　本章小结

数学形态学是一门建立在严格数学理论基础上的学科，基于数学形态学的图像形态学处理已经发展为一种新的图像处理方法和理论，是数字图像处理及分形理论的一个重要研究领域。图像形态学处理在计算机文字识别、计算机显微图像分析、医学图像处理（如细胞检测、心脏的运动过程研究、脊椎骨癌图像自动数量描述）、指纹检测等方面都取得了成功的应用。

在本章中介绍了图像形态学的发展和数学形态学基础，重点介绍了二值图像和灰度图像中的膨胀、腐蚀、开运算与闭运算四种常见的形态学操作及其实现。本章的最后介绍两种最常见的图像形态学应用，让读者初步了解使用形态学操作从图像中有效提取感兴趣区特征的过程。目前，有关图像形态学处理的技术和应用还在不断地研究和发展。

习题

1. 简述图像形态学概念，并分析图像形态学用于数字图像处理及分析的优势。
2. 在二值图像中，开运算和闭运算对数字图像处理的作用和特点是什么？
3. 画出用 3×3 的十字形结构元素（原点在中心）膨胀图 6.26 中的二值图像的结果。

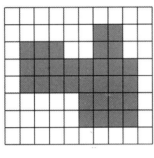

二值图像

结构元素

图 6.26 二值图像与结构元素

4. 操作扩展题：编写 Python 程序，实现基于同一幅灰度图像的开运算、闭运算操作，对比并分析操作结果。

5. 操作扩展题：编写 Python 程序，实现对同一幅灰度图像的取反、二值化及孔洞区域填充操作。

第 7 章 图 像 分 割

图像内容丰富直观，是人类感知世界、获取信息的重要途径。随着互联网技术和电子摄影设备的快速发展，静态或动态图像信息呈暴发式增长的趋势。在人类时间和精力有限的情况下，如何使用计算机从海量的视觉图像中自动获取有用的信息、高效地进行图像分析与处理等活动，是数字图像处理领域需要面对的难题和挑战，图像分割是其中十分关键的基础步骤。

图像分割的基本原理是根据图像本身各个区域具有不同的性质，如颜色、形状、纹理、边缘、几何关系等，将图像划分成具有相似特性的几个区域，同时提取出感兴趣区。提取出来的图像区域叫作前景或目标物体（Target Object），图像中除前景外的其他部分，叫作背景。图像分割后所获得的结果有利于图像进一步的处理，如图像分析、目标检测、目标跟踪、图像检索等高级图像处理任务。

7.1 图像分割基本概念

7.1.1 图像分割的定义

基于集合论可以给出图像分割的一般性定义。假设离散数字图像信号 $f(x,y)$，可以表示一个由该图像中所有像素组成的集合，将其分割为满足以下五个约束条件的、若干相连的非空子集（图像子区域）$f_1, f_2, f_3, \cdots, f_n$ 的过程，称为图像分割。约束条件如下：

（1）完备性：$f_1 \cup f_2 \cup f_3 \cup \cdots \cup f_n = f$。

（2）连通性：$\forall i$，当 $i = 1, 2, 3, \cdots, n$ 时，f_i 是连通区域。

（3）独立性：$\forall i, j$，当 $i \neq j$ 时，$f_i \cap f_j = \varnothing$。

（4）一致性：$\forall f_i$，$P(f_i) = \text{TRUE}$。

（5）互斥性：$\forall i, j$，当 $i \neq j$ 时，$P(f_i \cap f_j) = \text{FALSE}$。

其中，$P(f_i)$ 代表非空子集 f_i 中所有图像元素的某项逻辑属性。该定义的完备性保证了图像中的每个像素都可以被分割到确定的子区域中；连通性保证各个子区域内的图像像素是连通的；独立性保证图像分割后的各个子区域不重叠，本质上确保一个图像元素不会同时被分割到多个子区域；一致性表示属于同一个子区域的像素应该具有某些相同或相似的属性；互斥性表示属于不同子区域的属性应该不同。

7.1.2 图像分割的分类

对图像分割的研究开始于 20 世纪 60 年代，虽然学者们已经基于各种理论提出了上千种图像分割算法，但这些算法都是针对具体问题提出来的，一般只适合应用在特定场景，更换应用场景则会失效。到目前为止还没有出现可靠且适用于所有图像的通用图像分割算法，也没有一成不变的所谓最优图像分割准则。从技术发展角度上看，图像分割方法正朝着更快速、更精确的方向发展，传统算法与新理论、新技术的融合，不断促进图像分割技术的突破与发展。

根据分割图像的种类不同，图像分割可以分为灰度图像分割和彩色图像分割；根据分割图像的状态不同，图像分割可以分为静态图像分割和动态图像分割；根据分割的粒度不同，图像分割可以分为以识别物体轮廓为准则的粗分割和以识别颜色、纹理等高度相似性要素为准则、适宜压缩编码的细分割；根据分割图像的应用领域不同，图像分割可以分为遥感图像分割、医学图像分割、交通图像分割、工业图像分割、安防图像分割等；根据分割目标不同，图像分割可以分为语义分割、实例分割、全景分割；根据分割方法不同，图像分割可以分为基于边缘的图像分割、基于区域的图像分割、基于显著性分析的图像分割、基于深度学习的图像分割等。

本章将重点介绍基于边缘的图像分割、基于区域的图像分割及基于显著性分析的图像分割。

7.2　基于边缘的图像分割

物体的边缘对人类的视觉系统具有重要的意义，它反映了图像中物体最基本的特征，如由线条勾勒的简笔画就能很形象地描绘美术对象。边缘广泛存在于数字图像中的目标与背景之间、目标与目标之间、区域与区域之间，在图像处理中有重要的应用意义，也是图像分割的重要依据。

在数字图像中灰度值或色彩急剧变化的地方就是物体的边缘。实际上，在图像中进行微分运算时，从边缘处可以得出区别于其他处的较大数值，因此，可以利用各种微分运算进行边缘检测。本节先介绍边缘分割方法的基本原理，再介绍数字图像处理中最常用的 Canny 算子。

7.2.1　边缘分割方法的基本原理

边缘主要包括数字图像中目标物体或某区域的角点、轮廓、交界等，代表了图像局部不连续性特征。边缘分割方法假设各子区域一定有明显的边缘存在，因此可以通过数学求导的方法提取图像中灰度或结构等信息突变（不连续）的部分像素来实现图像分割。

在一幅图像中，边缘有方向和幅度两个特性，一般沿着边缘走向的灰度值不变或缓慢变化，而垂直于边缘走向的灰度值存在突变。按突变形式不同，边缘可表现为阶跃式、渐变式（斜升和斜降式）、脉冲式、屋顶式等类型，如图 7.1 所示。

（a）阶跃式　　　　　　（b）斜升和斜降式　　　　　　（c）脉冲式　　　　　　（d）屋顶式

图 7.1　不同边缘类型的灰度值变化示意图

边缘与导数图像的关系示意图如图 7.2 所示。由图 7.2 可以看出，一阶导数图像在图像灰度值由暗变亮的边缘位置有一个正峰值，在由亮变暗的边缘位置有一个负峰值，在其他位置因为灰度值均为 0 没有变化。因此，可使用一阶导数来检测边缘，幅度峰值的位置一般对应边缘的位置，峰值的正负代表此处边缘灰度值的变化方向。二阶导数图像在图像灰度值由暗变亮的边缘位置有一个正脉冲到负脉冲的过零点，在由亮变暗的边缘位置有一个负脉冲到正脉冲的过零点。因此，二阶导数的过零点也可用于检测边缘存在，而过零点前后的脉冲正负可以用于判断当前边缘明暗变化的趋势。这样，边缘检测的问题就转换成图像灰度值的一阶导数峰值和二阶导数过零点的问题。

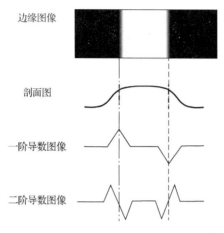

图 7.2　边缘与导数图像的关系示意图

从理论上讲，可使用更高阶的导数，但因为噪声等因素的影响，三阶及更高阶的导数往往没有实用价值。相比于一阶导数，二阶导数得到的边缘点的数量较少，对噪声更加敏感，可以先对图像平滑滤波消除噪声后再进行边缘检测。

在对数字图像进行边缘检测时，求导数经常使用微分运算实现。在第 5 章中详细介绍了常见的空间域微分算子用于提取图像边缘的方法。常用的一阶微分算子有 Roberts 算子、Prewitt 算子、Sobel 算子、Kirsch 算子等；常用的二阶微分算子有拉普拉斯算子、LoG 算子等。此外，还有一种 Canny 算子，属于非微分边缘检测算子，是在满足一定约束条件下推导出来的边缘检测最优化算子，是图像边缘检测算法中最经典、最先进的算法之一。

7.2.2　Canny 算子

1．Canny 算子检测边缘

Canny 算子是 J. F. Canny 于 1986 年开发出来的一个多级边缘检测算法。J. F. Canny 对边缘检测进行评估分析，提出了三个准则。

（1）最优检测准则：边缘检测算法应该尽可能检测出图像的真实边缘，漏检真实边缘和误检非边缘的概率都要尽可能小。

（2）最优定位准则：边缘检测算法检测出的边缘要尽可能接近真实边缘，保证受噪声影响的检测误差最小。

（3）检测点与边缘点一一对应准则：边缘检测算法检测出的边缘点与实际边缘点要尽可能一一对应。

2．Canny 算子检测边缘的步骤

Canny 算子解决了二阶微分丢失边缘方向信息的问题，同时保持了二阶微分检测边缘的精确性和简便性。其具体步骤如下。

（1）图像去噪。

采用高斯函数与原图像数据进行卷积运算，以消除图像噪声，这个过程对图像进行了平滑滤波，即

$$G(x, y) = \exp\left(-\frac{x^2 + y^2}{2\sigma^2}\right) \tag{7-1}$$

$$H(x, y) = f(x, y) * G(x, y) \tag{7-2}$$

式中，$f(x, y)$ 为原图像函数，$G(x, y)$ 为高斯函数，$H(x, y)$ 为图像去噪过程。

（2）计算梯度幅值和方向。

寻找图像中灰度变化最明显的位置，即梯度方向，用 Sobel 算子计算梯度的幅值和方向。采用的卷积模板为

$$H_1 = \begin{bmatrix} -1 & -1 \\ 1 & 1 \end{bmatrix} \quad H_2 = \begin{bmatrix} 1 & -1 \\ 1 & -1 \end{bmatrix} \tag{7-3}$$

$$\varphi_1 = f(x, y) * H_1(x, y), \quad \varphi_2 = f(x, y) * H_2(x, y) \tag{7-4}$$

梯度的幅值为

$$\varphi(x, y) = \sqrt{\varphi_1^2(x, y) + \varphi_2^2(x, y)} \tag{7-5}$$

梯度的方向为

$$\theta_\varphi = \tan^{-1} \frac{\varphi_2(x, y)}{\varphi_1(x, y)} \tag{7-6}$$

（3）非极大值抑制。

为了使模糊的边界变得清晰，就需要保留局部最大梯度，在每个像素上抑制除极大值外的其他梯度值。具体来说，对每个像素，将其梯度方向近似为 8 邻域方向中的一个，将该像素与其上下两个像素的梯度做比较，若该像素的梯度最大则保留，否则抑制掉，即置为 0。

（4）双阈值。

为了更加精确地检测边缘，设置两个阈值，一个是阈值上界，一个是阈值下界。图像中的像素若大于阈值上界，则称为强边界，认为必然是边界；若小于阈值下界，则认为必然不是边界；两者之间的部分称为弱边界，认为是候选项，需要做进一步处理。

（5）边界跟踪。

弱边界可能是真的边缘，也可能是由噪声或颜色变化引起的。通常认为真实边缘的弱边界与强边界是连通的，其他部分则不连通。检查一个弱边界点的 8 邻域的像素，只要有强边界点存在，这个弱边界点就被认为是真实边缘并保留下来，其余的弱边界则被抑制，这个边界跟踪的过程进一步处理了弱边界点，最终得到 Canny 算子边缘检测结果。

3．在 Python-OpenCV 中实现 Canny 算子检测边缘

使用格式：cv2.Canny(输入图像, 最小阈值, 最大阈值, [Sobel 算子卷积核大小])。

参数说明：

（1）输入图像：输入图像数据，即函数 imread() 的返回值。

（2）最小阈值、最大阈值：双阈值设置。

（3）Sobel 算子卷积核大小：可选项，查找图像梯度的 Sobel 算子卷积核的大小，默认值为 3，该值越大，保留的信息越多。

运行程序：

```
import cv2
import numpy as np
from matplotlib import pyplot as plt

img = cv2.imread('baihe.jpg')
edges = cv2.Canny(img,100,200,apertureSize=3)
edges2 = cv2.Canny(img,100,200,apertureSize=5)
plt.subplot(131),plt.imshow(img,cmap = 'gray')
plt.title('Original Image'), plt.xticks([]), plt.yticks([])
plt.subplot(132),plt.imshow(edges,cmap = 'gray')
plt.title('Edge Image1'), plt.xticks([]), plt.yticks([])
plt.subplot(133),plt.imshow(edges2,cmap = 'gray')
plt.title('Edge Image2'), plt.xticks([]), plt.yticks([])
plt.show()
```

运行结果：显示原图像和使用两种不同大小的卷积核进行边缘检测后的结果，如图 7.3 所示。

（a）原图像　　　　　　（b）卷积核为 3 的边缘检测结果　　　　（c）卷积核为 5 的边缘检测结果

图 7.3　Canny 算子边缘检测运行结果

可以看出，用 Canny 算子进行边缘检测的效果非常理想，其优点是可以检测出真正的弱边缘，而且是细化后的单边缘，减少了边缘中断现象，得到较完整边缘的同时很好地抑制了噪声引起的伪边缘。对于对比度较低的图像，通过合理选择参数，也能有很好的边缘检测效果。

7.3　基于区域的图像分割

通常图像中不同区域内的像素属性不同，而同一个区域内的像素都应该具有相同或相似的属性。因此，有一类图像分割算法的基本思想就是通过像素属性不同从而划定不同的区域。根据分割属性不同，基于区域的图像分割分为阈值法、聚类法、生长合并法等。本节将重点介绍阈值法和生长合并法。

7.3.1　阈值法

1. 直方图阈值法

通过计算整个图像的灰度直方图，在波谷处选取阈值来进行图像分割。若直方图只有双峰，则只需要选择一个常数阈值，就可以将整个图像分为前景和背景两个区域，如图 7.4 所示。

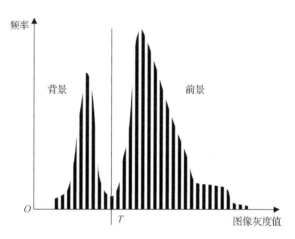

图 7.4　双峰直方图单阈值

图像分割公式为

$$g(x,y)=\begin{cases}1 & (f(x,y)>T)\\0 & (f(x,y)\leqslant T)\end{cases} \tag{7-7}$$

式中，$f(x,y)$ 为图像灰度值，T 为阈值，$g(x,y)$ 为分割后的图像。单阈值分割方法简单，但容易受噪声影响，导致阈值选取错误，且当两个峰值相差很远时并不适用。对于有多个峰值的直方图，可以选取多个阈值，如图 7.5 所示。

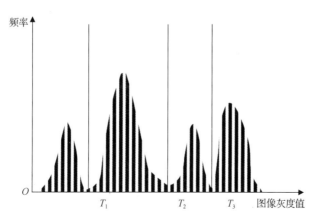

图 7.5　多峰直方图多阈值

图像分割公式为

$$g(x,y) = \begin{cases} k & (T_{k-1} < f(x,y) \leqslant T_k) \\ 0 & (f(x,y) \leqslant T_0) \end{cases} \tag{7-8}$$

式中，$T_0, T_1, T_2, \cdots, T_k$ 为一系列阈值，$k = 1, 2, 3, \cdots, M$ 为分割后的各区域的标记，这样就将图像分割成了 $M+1$ 个区域。由于直方图是灰度值的统计特征，因此只依据直方图进行图像分割的结果不一定准确。

2．Python-OpenCV 环境中的阈值法相关函数

阈值的作用是根据设定的阈值处理图像的灰度值，如将灰度值大于某个数值的像素保留。通过阈值法可以实现从图像中抓取特定的图形，如去除背景等。

Python-OpenCV 环境中的阈值法相关函数有普通阈值函数 cv2.threshold()和自适应阈值函数 cv2.adaptivThreshold()。

（1）普通阈值函数。

使用格式：cv2.threshold(灰度图像数据, 起始阈值, 最大值, 数据与阈值的关系类型)。

参数说明：

① 灰度图像数据：待分割的灰度图像。

② 起始阈值：分割图像的起始阈值（thresh）。

③ 最大值：像素值大于阈值后的设定值（max）。

④ 数据与阈值的关系类型：定义如何处理数据与阈值的关系，如表 7.1 所示。

表 7.1　函数与像素值的对应关系

函　　数	像素值>起始阈值	其 他 情 况
cv2.THRESH_BINARY	max	0
cv2.THRESH_BINARY_INV	0	max
cv2.THRESH_TRUNC	thresh	原值
cv2.THRESH_TOZERO	原值	0
cv2.THRESH_TOZERO_INV	0	原值

运行程序：

```
import cv2 as cv
import numpy as np
from matplotlib import pyplot as plt


img = cv.imread(r'boat.jpg')
img_gray = cv.cvtColor(img, cv.COLOR_BGR2GRAY)
value=127
ret,th1=cv.threshold(img_gray,value,255,cv.THRESH_BINARY)
plt.imshow(th1,'gray')
plt.show()
```

实验结果：阈值设定为 127 时的图像分割结果如图 7.6 所示。

图 7.6　阈值设定为 127 时的图像分割结果

（2）自适应阈值函数。

使用格式： cv2.adaptiveThreshold(灰度图像数据, 最大灰度值, 自适应方法, 二值化方法, 区域大小, 调整常数, 输出图像)。

普通阈值函数只是简单地把图像像素根据阈值区分, 这样的二值区分比较粗糙, 可能会导致图像的信息与特征无法完全提取, 或者漏掉一些关键的信息。自适应阈值函数的核心是将图像分割为不同的区域, 每个区域都计算阈值, 可以更好地处理复杂的图像。

参数说明：

① 灰度图像数据：待分割灰度图像数据。

② 最大灰度值：满足条件的像素被赋予的灰度值。

③ 自适应方法：ADAPTIVE_THRESH_MEAN_C 或 ADAPTIVE_THRESH_GAUSSIAN_C。

④ 二值化方法：THRESH_BINARY 或 THRESH_BINARY_INV。

⑤ 区域大小：分割计算的区域大小, 取奇数。

⑥ 调整常数：在每个区域计算出的阈值基础上通过调整常数调整后作为该区域的最终阈值。

⑦ 输出图像：为可选项。

代码示例：（略）

基于本函数的实验与函数 cv2.threshold() 相似, 请读者自行尝试, 并对比两者的区别。

3．Python-OpenCV 环境中的图像阈值法实现

本节将介绍如何在 Python-OpenCV 环境中使用图像阈值法实现图像分割。

（1）定义直方图阈值法分割函数。

```
def thresh_seg(grayImage):
    hist,bins=np.histogram(grayImage,bins=256,density=False);
    #寻找直方图的最大峰值对应的灰度值
    firstLoc = np.where(hist == np.max(hist))
    print(firstLoc)
    firstP = firstLoc[0][0]  #灰度值
    #寻找直方图的第二个峰值对应的灰度值
    Distences = np.zeros([256], np.float32)  #存放测量距离
    for k in range(256):
```

```
    #查找第二个峰值要综合考虑两峰间的距离与峰值
    Distences[k] = pow(k - firstP, 2) * hist[k]
secondLoc = np.where(Distences == np.max(Distences))
secondP = secondLoc[0][0]
print('双峰值对应的灰度值分别为: ',firstP,secondP)
#将两个峰值间的最小灰度值，作为阈值
thresh = 0
if firstP < secondP:   #第一个峰值在第二个峰值的左侧
    temp = hist[int(firstP):int(secondP)]
    threshLoc = np.where(temp == np.min(temp))
    thresh = firstP + threshLoc[0][0] + 1
else:   #第一个峰值在第二个峰值的右侧
    temp = hist[int(secondP):int(firstP)]
    threshLoc = np.where(temp == np.min(temp))
    thresh = secondP + threshLoc[0][0] + 1

#阈值化处理，得二值分割图
r1,th1=cv.threshold(grayImage,thresh,255,cv.THRESH_BINARY)
return thresh, th1
```

（2）定义主函数。

```
img = cv.imread(r'boat.jpg')
img_gray = cv.cvtColor(img, cv.COLOR_BGR2GRAY)
thresh,img_sep = thresh_seg(img_gray)
print('直方图阈值为:',thresh)
plt.imshow(img_sep,'gray')
plt.show()
```

实验结果如下：

双峰值对应的灰度值分别为 148、36。

直方图阈值为 81。

直方图阈值法分割图像结果如图 7.7 所示。

图 7.7　直方图阈值法分割图像结果

4．阈值选择方法

从上述内容中可以看出，采用直方图阈值法进行图像分割时，进行图像二值化的阈值非常关键，实例中我们采用迭代法作为阈值选择方法，实现方法简单。

迭代法通过若干步数的迭代求出分割的最优阈值，具有一定的自适应性，其实现步骤如下。

（1）求出图像中的最大灰度值 $t_{\max}$ 和最小灰度值 $t_{\min}$，并给定初始阈值 $T_0 = \dfrac{t_{\max} + t_{\min}}{2}$。

（2）根据初始阈值先将图像分割成前景和背景两部分，再分别计算这两部分的平均灰度值 μ_1 和 μ_2，即

$$\begin{cases} \mu_1 = \dfrac{\sum_{t(i,j)<T_0} w_{i,j} \times t(i,j)}{\operatorname{count}(t(i,j)<T_0)} \\[3mm] \mu_2 = \dfrac{\sum_{t(i,j)\geqslant T_0} w_{i,j} \times t(i,j)}{\operatorname{count}(t(i,j)\geqslant T_0)} \end{cases} \tag{7-9}$$

式中，$t(i,j)$ 为图像中各像素的灰度值；$w_{i,j}$ 为权重系统，一般设为 1。

（3）计算出新的阈值 $T^* = \dfrac{\mu_1 + \mu_2}{2}$。

（4）一直迭代计算步骤（2）和步骤（3），直到新的阈值 T^* 与原阈值相同，迭代结束。

感兴趣的读者可以基于以上原理，尝试编写程序。此处给出迭代法计算阈值后进行图像分割的结果，如图 7.8 所示。

（a）原图像

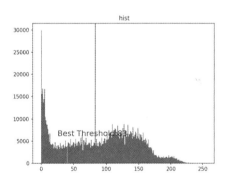

（b）原图像直方图

（c）迭代法计算阈值后分割的图像

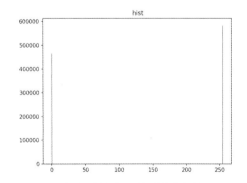

（d）迭代法计算阈值后分割图像的直方图

图 7.8　迭代法计算阈值后进行图像分割的结果

此外，还有最大类间方差法，它是由日本学者 Otsu 在 1979 年提出的一种阈值选择方法。它的基本思想是选定的分割阈值应该使前景区域的平均灰度和背景区域的平均灰度之间差别最大，即两个区域的类间方差最大，此时的阈值具有最佳的分离性。该方法是在图像灰度直方图的基础上采用最小二乘法推导出来的，具有统计学意义。限于篇幅，本节将不再介绍该方法的具体实现，感兴趣的读者可以自行阅读相关文献。

7.3.2　生长合并法

生长合并法主要根据图像区域的连通性进行分割，常见的方法有区域生长法、分裂合并法、分水岭算法等。

区域生长法根据图像像素之间的连通性，按照事先定义的规则，将部分像素或子区域聚合成更大区域以达到图像分割的目的。分裂合并法适用于事先完全不了解区域形状和数目的情况，它先将图像分割成互不重叠的区域，再对各个区域进行合并或分裂，得到最终的图像分割结果。

本节我们重点介绍分水岭算法的原理及实现。

1．分水岭算法简介

分水岭算法借鉴了基于拓扑的形态学基本理论，其思想是将图像看作一张地形图（见图 7.9），灰度值对应地形图中的海拔高度，高灰度值对应着山峰，低灰度值对应着山谷，水总是从地势高的地方流向地势低的地方，直至流到某个局部低洼处，这些低洼处被称为盆地，最终所有的水都会处于不同的盆地，各盆地之间的山脊称为分水岭。分水岭是一种自适应的多阈值图像分割算法，有很多具体的实现方式，这些算法大多都是模拟水从下而上的浸入过程。假设在模型中的每个盆地表面先刺穿一个小孔，再把整个模型慢慢浸入水中，将在两个盆地汇合处构筑大坝，形成分水岭。

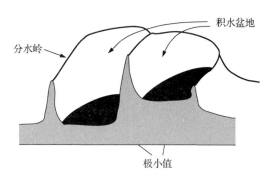

图 7.9　分水岭算法原理示意图

2．在 Python-OpenCV 环境中用分水岭算法实现图像分割

Python-OpenCV 环境提供了一种改进的分水岭算法，采用一系列预定义标记来获得更好的效果，并封装成函数 watershed()。

使用格式：markers = cv2.watershed(输入图像, 标注结果)。markers 是 32 位单通道的标注结果。

参数说明：

（1）输入图像：必须是 8 位三通道的图像，即函数 cv2.imread() 的返回值。

（2）标注结果：用语句 cv2.connectedComponent() 对图像做标注。

运行程序：

```python
import cv2
import numpy as np

img = cv2.imread(r"tank.tiff")
gray = cv2.cvtColor(img, cv2.COLOR_BGR2GRAY)
#阈值分割，将图像分为黑白两部分
ret, thresh = cv2.threshold(gray, 0, 255, cv2.THRESH_BINARY_INV
            + cv2.THRESH_OTSU)
cv2.imshow("thresh", thresh)

#对图像先进行开运算后再膨胀，得到确定的背景区域
kernel = np.ones((3, 3), np.uint8)
opening = cv2.morphologyEx(thresh, cv2.MORPH_OPEN, kernel, iterations=2)
bg = cv2.dilate(opening, kernel, iterations=3)
cv2.imshow("background", bg)
#通过背景像素的距离矩阵阈值化寻找前景区域
dist_transform = cv2.distanceTransform(opening, cv2.DIST_L2, 5)
ret,fg = cv2.threshold(dist_transform, 0.1 * dist_transform.max(), 255, 0)
cv2.imshow("foregound", fg)
#bg 与 fg 相减，得到前景和背景的边缘区域，设定为未确定区域
fg = np.uint8(fg)
unsure = cv2.subtract(bg, fg)
cv2.imshow("substract", unsure)
#标记所有已确定的连通区域，则背景像素为 0，非背景像素从 1 开始标记
ret, markers = cv2.connectedComponents(fg,connectivity=8)
#后续分水岭算法对标记为 0 的区域认为是未确定区域，因此加 1
markers = markers + 1
#将真正的未确定区域变为 0
markers[unsure==255] = 0
#分水岭算法
markers = cv2.watershed(img, markers)   #分水岭算法后，所有轮廓的像素被标注为-1
print(markers)
img[markers == -1] = [0, 0, 255]    #将标注为-1 的边界处标红
cv2.imshow("dst", img)
```

运行结果：分水岭算法运行结果如图 7.10 所示。

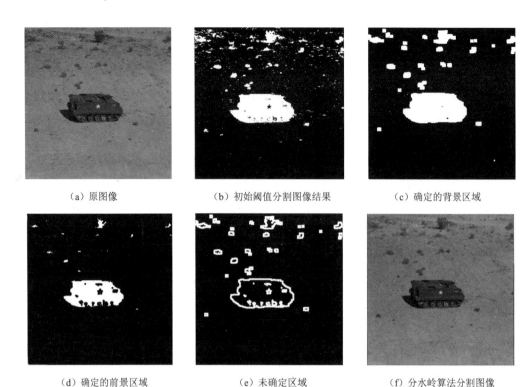

<table>
<tr><td>（a）原图像</td><td>（b）初始阈值分割图像结果</td><td>（c）确定的背景区域</td></tr>
<tr><td>（d）确定的前景区域</td><td>（e）未确定区域</td><td>（f）分水岭算法分割图像</td></tr>
</table>

图 7.10　分水岭算法运行结果

7.4　基于显著性分析的图像分割

前面介绍的基于边缘的图像分割方法和基于区域的图像分割方法都是基于图像自身特性展开的。事实上，当我们看到一幅图像时，往往会关注图像中的某一部分，可能是一个人或一件物品，该区域通常强度、颜色、纹理、空间位置等的对比度较高，使得图像中的这些事物从周围环境中脱颖而出。同时，我们对图像的其他纹理平滑或颜色单一的区域缺少关注。

视觉显著性分析尝试确定人类视觉和认知系统对图像各个区域的关注程度。基于显著性分析进行图像分割的基本思路是先根据待分割图像的类型、灰度分布情况、目标大小、纹理等特点，选择合适的显著性分析方法，不同的显著性分析方法提取到的显著图和图像特征也不同；再结合其他的图像分割算法对显著图进行处理，得到二值掩码图或其他类型的图像分割结果。

1998 年，Itti 等学者在显著性映射和特征融合理论的基础上提出基于高斯金字塔的融合图像特征的视觉显著性分析算法，产生了跨认知心理学、神经科学和计算机视觉等多个学科的第一波热潮。2007 年，T.Liu 等人提出将显著性检测作为图像分割问题来处理的思路，自此出现了大量的显著性检测模型，掀起了显著性检测的第二波热潮。2015 年，科研人员开始引入卷积神经网络（CNN）进行显著性检测，该类方法消除了对手工特征的需求，减轻了对中心偏见知识的依赖，因此被许多科研人员采用，逐渐成为显著性物体检测的主流方向。

1. Itti 算法介绍

本节以经典的显著性分析算法——Itti 算法为例，介绍其基本流程，如图 7.11 所示。

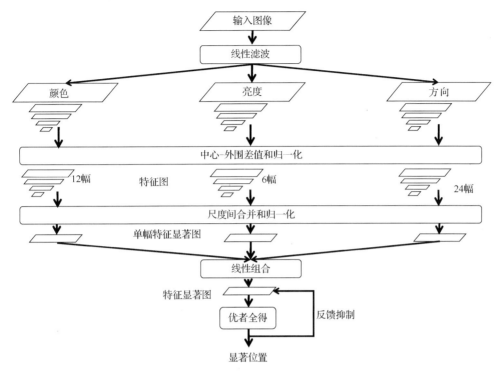

图 7.11　Itti 显著性分析算法流程图

（1）输入图像。

输入图像为静态彩色图像，包括 R、G、B 三个颜色通道。

（2）提取特征。

构建 9 层高斯金字塔：0 层表示输入图像，1～8 层图像大小分别由底层图像高斯滤波和下采样得到，即得到 9 个尺度下的三通道图像，在降低分辨率的同时减少了图像中的细节信息。在不同尺度下，分别计算图像的亮度、颜色、方向。

定义亮度特征为 I，表示为

$$I = \frac{r+g+b}{3} \tag{7-10}$$

式中，r、g、b 分别为某点的红色分量、绿色分量、蓝色分量。

定义红、绿、蓝、黄的颜色特征分别为 R、G、B、Y，表示为

$$R = r - \frac{g+b}{2} \tag{7-11}$$

$$G = g - \frac{b+r}{2} \tag{7-12}$$

$$B = b - \frac{r+g}{2} \tag{7-13}$$

$$Y = \frac{r+g}{2} - \frac{|r-g|}{2} - b \tag{7-14}$$

定义方向特征为 $O(\sigma,\theta)$，其中，$\sigma \in \{0,1,\cdots,8\}$，$\theta \in \{0°,45°,90°,135°\}$。采用 Gabor 滤波器构建 Gabor 方向金字塔。

（3）形成特征图。

为了模拟人类视觉视野中心-外围的拮抗特性，Itti 算法在高斯金字塔的不同尺度上对各个特征进行计算。为此，定义视野中心对应高斯金字塔的尺度为 $c \in \{2,3,4\}$，定义视野外围对应尺度为 $s = c + \delta$，$\delta \in \{3,4\}$，这样中心尺度 c 和外围尺度 s 之间有 6 种组合，分别为 2-5、2-6、3-6、3-7、4-7、4-8。由于不同尺度下特征图的分辨率不同，需要先通过插值计算使两幅图像的大小一致，再计算对应两个像素之差，这个过程由符号 $\ominus$ 表示。计算亮度、红绿、蓝黄、方向特征图的公式为

$$I(c,s) = \left| I(c) \ominus I(s) \right| \tag{7-15}$$

$$RG(c,s) = \left| (R(c) - G(c)) \ominus (G(s) - R(s)) \right| \tag{7-16}$$

$$BY(c,s) = \left| (B(c) - Y(c)) \ominus (Y(s) - B(s)) \right| \tag{7-17}$$

$$O(c,s,\theta) = \left| O(c,\theta) \ominus O(s,\theta) \right| \tag{7-18}$$

由于 c 和 s 之间有 6 种组合、θ 有 4 个方向，因此可以计算得到 6 个亮度特征图、12 个颜色特征图、24 个方向特征图，共 42 个不同尺度的特征图。

（4）生成显著图。

为了融合不同尺度下的特征图，生成最终的显著图，要定义归一化函数 $N()$。该函数首先将输入的特征图像素归一化到区间 $[0, M]$ 中，然后寻找该类特征图的全局最大值 M 所在的位置，并计算其他所有局部最大值的均值 $\bar{m}$，最后把特征图中的每个像素都乘以 $(M - \bar{m})^2$。这个归一化函数可以抑制含有大量峰值的特征图，增强含有少量峰值的特征图。

对于不同分辨率的特征图，调整至尺寸一致后进行像素相加，这个过程用符号 $\oplus$ 表示。生成显著图的过程：首先对不同尺度下的每个特征图进行归一化处理，形成一幅该特征的综合显著图，然后将不同特征的显著图进行归一化处理，得到最终融合的视觉显著图 S。计算过程表示为

$$\bar{I} = \overset{4}{\underset{c=2}{\oplus}} \overset{c+4}{\underset{s=c+3}{\oplus}} N(I(c,s)) \tag{7-19}$$

$$\bar{C} = \overset{4}{\underset{c=2}{\oplus}} \overset{c+4}{\underset{s=c+3}{\oplus}} \left[N(RG(c,s)) + N(BY(c,s)) \right] \tag{7-20}$$

$$\bar{O} = \sum_{\theta \in \{0°,45°,90°,135°\}} N\left(\overset{4}{\underset{c=2}{\oplus}} \overset{c+4}{\underset{s=c+3}{\oplus}} N(O(c,s,\theta)) \right) \tag{7-21}$$

式中，$\bar{I}$、$\bar{C}$、$\bar{O}$ 分别表示统一分辨率后的亮度特征、中心尺度特征、方向特征。

最终的视觉显著图 S 为

$$S = \frac{N(\bar{I}) + N(\bar{C}) + N(\bar{O})}{3} \tag{7-22}$$

2. Itti 算法实现实例

在 Python 软件中，需要根据 Itti 算法流程实现获取图像颜色通道信息、提取特征信息、

计算中心-外围差值、归一化等重要流程，读者可以尝试自行编写程序。Itti 算法效果如图 7.12 所示。

（a）原图像

（b）Itti 算法视觉显著图

（c）二值化显著图

（d）Itti 算法显著图

图 7.12　Itti 算法效果

7.5　本章小结

本章首先介绍了图像分割的基本概念，然后介绍了常见的基于边缘的图像分割和基于区域的图像分割，最后介绍了基于显著性分析的图像分割。虽然近年来关于图像处理的研究成果越来越多，但由于在应用中图像分割问题比较复杂，使得研究工作仍然存在两个主要问题：一是缺乏效果好、通用性强的图像分割算法；二是因为应用场景的不同，使得评价图像分割效果的标准并不统一，尤其是在医学图像分割领域，分割效果的评价标准和普通图像有很大的不同。

随着深度学习的发展及其在计算机视觉领域的应用，逐渐出现了适用于图像分割的全卷积神经网络（FCN）、U-net、SegNet、TransDeepLab 等学习模型，实现了语义或实例级的图像分割，在自动驾驶、视频监控、医疗影像等场景下都取得了较好的应用效果，感兴趣的读者可以自行查找相关资料进行学习。

习题

1．简述图像分割的基本概念。
2．常用的图像分割方法分为哪几种？
3．简述 Canny 算子检测图像边缘的主要步骤。
4．简述分水岭算法的基本原理。
5．简述 Itti 算法的基本过程。
6．操作扩展题：选取一幅图像，编写采用阈值法（如直方图阈值法、最大类间方差法等）分割图像的程序，比较并评价两种方法的图像分割效果。

第8章 图 像 压 缩

图像压缩，是指以较少的比特有损或比特无损方式表示原来的像素矩阵的技术，也称为图像编码。图像之所以需要压缩，是因为数字图像和视频数据中存在着大量的数据冗余和主观视角冗余，这给数据存储也带来一定的困难。以一幅 24 位高清图像为例，其分辨率为 1920 像素×1080 像素，其占有空间为 1920×1080×24/8=6220800B=6075KB≈5.93MB；一段时长为 1min、色彩为 24 位色、分辨率为 1920 像素×1080 像素、帧频为 30fps 的高清视频，若不经压缩，它的存储容量大约是 1920×1080×24×30×60/8/1024/1024/1024≈10.428GB。随着信息技术设备和网络传输技术的发展，图像和视频在存储、传输、处理等过程中所需的资源呈暴发式增长，所以对图像和视频进行压缩是非常必要的。本章介绍几种最常用的图像压缩技术，并使用 Python 软件实现这些图像压缩。

8.1 图像压缩基础

从信息论的观点来看，图像压缩通过去除图像信源中的冗余信息来节省存储空间和提高传输效率，同时不损坏图像信源的有效信息。

8.1.1 数据冗余相关概念

压缩比又称为压缩率，是表示压缩后数据量与压缩前数据量的比值，即

$$CR = \frac{n_1}{n_2} \tag{8-1}$$

式中，n_1 和 n_2 是两个表达相同信息的数据集中所携带的单位信息量，n_1 为压缩后的数据量，n_2 为压缩前的数据量。

数据冗余，表示压缩减少的数据量占压缩前数据量的比值，即

$$RD = 1 - CR \tag{8-2}$$

例：压缩比 CR = 1/10，则数据冗余 RD = 9/10。

数字图像的数据冗余主要有以下几种形式：编码冗余、空间冗余、时间冗余、视觉冗余等。

（1）编码冗余（又称为信息熵冗余），表示图像中平均每个像素使用的位数大于图像的信息熵，即图像中存在冗余信息，如在灰度图中用于表示灰度的 8 位编码往往要多于表示灰度所需要的位数。

（2）空间冗余（又称为几何冗余），表示由图像内部相邻像素之间存在较强的相关性造成的冗余，如一幅图像中存在大量连续的颜色相同的区域，则空间冗余较多。

（3）时间冗余（又称为帧间冗余），表示视频图像序列中由相邻帧之间的相关性造成的冗余，如同一镜头内，相邻视频序列过渡比较缓慢，相邻帧具有极大的相似性。

（4）视觉冗余，表示由于人眼敏感度较低而不能感知的那部分图像信息。

8.1.2　图像压缩模型

图像压缩模型由两个不同功能的模块组成：编码器和解码器。编码器负责对原图像进行编码压缩，解码器负责对压缩后的图像进行解码。一种通用的图像压缩系统框图如图 8.1 所示。编码过程为原图像输入编码器后，图像经过编码器的编码算法处理生成压缩图像，用于存储或传输。其中，映射器用于减少图像空间冗余和时间冗余，是可逆操作；量化器会进一步降低映射器输出图像的精度，排除无关信息；符号编码器将量化器输出的频率高的值赋于短位数编码，达到减少编码冗余的目的。解码过程为压缩图像被送入解码器后，通过符号解码器和反向映射器，生成解压缩图像。

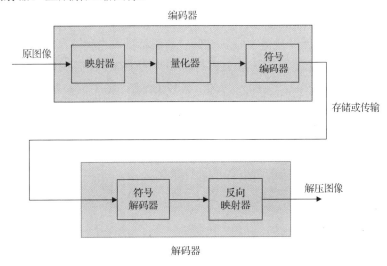

图 8.1　一种通用的图像压缩系统框图

如果解压缩后的图像是原图像的精确复原，那么称图像压缩是无损的，或者无误差的；如果解压缩后的图像不能完全复原原图像的全部信息，那么重建的图像就会失真，称图像压缩是有损的。

8.1.3　图像格式和压缩标准

图像格式定义了数据的排列方式和压缩类型，是组织和存储图像数据的标准方法。压缩标准定义了压缩和解压缩图像的过程。

常见的图像格式有 BMP 文件格式、TIFF 文件格式、JPEG 文件格式、GIF 文件格式等，在本书第 1 章中已经介绍；常见的视频压缩格式有 AVS（信源编码标准）格式、HDV（数码摄像机高清标准）格式、M-JPEG（移动联合图像专家组）格式等。常用的压缩标准有 JPEG、JPEG 2000、DV、H.261、H.262、H.263、H.264、MPEG-1、MPEG-2、MPEG-4 等。

下面介绍常见的 JPEG 标准、MPEG 标准和 H.264 标准。

（1）JPEG 标准。

JPEG 文件格式是最常用的图像文件格式，后缀名为.jpg 或.jpeg，是 JPEG 标准的产物。JPEG 压缩标准是面向连续色调静止图像的一种压缩标准，由国际标准化组织（ISO）制定。JPEG 文件格式在本书第 1 章中已有介绍。常见的实现编码算法有基于图像子块的变换编码、哈夫曼编码（Huffman Code）、行程编码（Run Length Encoding，RLE）等。

（2）MPEG 标准。

MPEG（动态图像专家组，Moving Picture Experts Group）是 ISO 与 IEC（International Electrotechnical Commission，国际电工委员会）于 1988 年成立的专门针对运动图像和语音压缩制定国际标准的组织。MPEG 标准主要有 MPEG-1、MPEG-2、MPEG-3、MPEG-4 等。

MPEG 标准的视频压缩编码技术主要利用了具有运动补偿的帧间压缩编码技术，以减小时间冗余，利用离散余弦变换减小图像的空间冗余，利用统计编码减少了信息表示方面的统计冗余。这些技术的综合运用，大大提高了压缩性能。

（3）H.264 标准。

H.264 标准是由 ITU-T 视频编码专家组（VCEG）和 MPEG 联合组成的联合视频组（Joint Video Team，JVT）提出的新一代数字视频编码、解码标准。它因高压缩、高质量、支持多种网络的流媒体传输而被广泛使用。它在 ITU 标准中称为 H.264，在 MPEG 标准中是 MPEG-4 的组成部分（MPEG-4 Part 10），又称为 AVC（Advanced Video Codec）。因此 H.264 也常常称为 MPEG-4 或 AVC。

H.264 标准采用的压缩方法主要包括：帧内预测压缩，解决的是空间域数据冗余问题；帧间预测压缩（运动估计与补偿），解决的是时域数据冗余问题；整数离散余弦变换，将空间域中相关的数据变换为频域上无关的数据，再进行量化。

8.1.4 图像压缩分类

从不同的角度分析，图像压缩有不同的分类方法。本节分别以压缩过程有无信息损失和编码原理为分类标准，介绍图像压缩的分类。

1. 以压缩过程有无信息损失为分类标准

根据压缩过程有无信息损失，图像压缩可分为有损压缩和无损压缩。

（1）有损压缩。

有损压缩又称为不可逆压缩，是指对图像进行压缩时，部分图像信息会丢失，导致解压缩的图像与原图像存在一定程度的失真。有损压缩多用于数字电视、静止图像通信等领域，代表性算法有有损预测编码、变换编码等。

（2）无损压缩。

无损压缩又称为可逆压缩，是指压缩过程中没有任何信息的损失，解压缩后的图像与原图像完全相同。常用于工业检测、病理图像、图像存档等领域。代表性算法有哈夫曼编码、行程编码、无损预测编码等。

2. 以编码原理为分类标准

根据图像压缩的编码原理进行划分，图像压缩技术可分为统计编码、预测编码、变换编码等。

（1）统计编码。

统计编码也称为熵编码，是一类根据信息熵原理进行的信息保持型变长编码。编码时对出现概率高的事件（被编码的符号）用短码表示，对出现概率低的事件用长码表示。常见的统计编码有哈夫曼编码和算术编码。

（2）预测编码。

预测编码是利用视频图像在局部空间和时间范围内的高度相关性，以近邻像素值为参考，预测当前像素值，然后量化、编码预测误差。预测编码通常应用于运动图像、视频编码，如数字电视、视频电话等。

（3）变换编码。

变换编码是将空间域中描述的图像数据先经过正交变换，如离散傅里叶变换、离散余弦变换、离散小波变换（DWT）等转换到另一个变换域（频域）中进行描述，再对变换后的系数进行编码处理，来达到压缩图像的目的。

8.2 常见的压缩编码技术

8.2.1 哈夫曼编码

1. 哈夫曼编码介绍

哈夫曼编码是一种变长编码，常用于图像压缩。哈夫曼编码可以对离散概率分布进行编码，从而实现图像压缩。

哈夫曼编码的基本思想是根据符号出现的概率构建一棵二叉树，出现概率越高的符号离根节点越近，出现概率越低的符号离根节点越远。对于树上的每个叶节点，都可以构建一个对应的编码，它由从根节点到该叶节点的路径中的所有边构成。这样，出现概率高的符号就可以用较短的编码表示，而出现概率低的符号则需要用较长的编码表示。因此，哈夫曼编码可以实现图像的无损压缩。

在图像压缩中，图像由若干个像素值组成，图像压缩算法统计每个像素值的出现频率，将其转化为像素值的概率分布。根据概率分布构建哈夫曼树，得到每个像素值的哈夫曼编码。将每个像素值替换成对应的哈夫曼编码，即可实现图像压缩。

在解压缩时，将压缩后的数据根据哈夫曼编码进行解码，得到原始的像素值。由于哈夫曼编码是无损压缩，因此可以完全恢复原图像。

需要注意的是，哈夫曼编码的长度是可变的，因此在存储压缩后的图像数据时，需要将每个像素值的哈夫曼编码长度进行存储，以便在解压缩时正确地解码。

2. 哈夫曼编码步骤

哈夫曼编码实现图像压缩的步骤如下。

（1）统计像素值出现的频率：遍历图像的每个像素，统计每个像素值出现的频率。

（2）根据频率建立哈夫曼树：将像素值出现的频率作为权值，建立哈夫曼树。

（3）对每个像素值进行编码：遍历哈夫曼树，从根节点开始向下遍历，若走左子树则编码为 0，若走右子树则编码为 1，直至叶节点。

（4）生成编码表：将每个像素值对应的编码保存到编码表中。

（5）压缩图像：遍历图像的每个像素，根据编码表将像素值转换为对应的哈夫曼编码，将所有的哈夫曼编码拼接起来，得到压缩后的图像数据。

（6）存储压缩数据：将压缩后的图像数据保存到文件中，同时保存编码表。

（7）解压缩：读取压缩后的图像数据和编码表，根据编码表将哈夫曼编码转换为像素值，将所有的像素值拼接起来，得到解压缩后的图像。

3．哈夫曼编码实现过程

现在举例说明哈夫曼编码的具体实现过程。

设某信源产生五种符号，分别为 u1、u2、u3、u4 和 u5，对应的概率为 P_1=0.4、P_2=0.1、P_3=P_4=0.2、P_5=0.1。

（1）将五种符号按照概率由大到小排列，如图 8.2 所示。

（2）编码时，从最小概率的两个符号开始，选择其中一个支路编码为 0，则另一支路编码为 1。这里，选择上支路编码为 0，下支路编码为 1。

（3）将已编码的两支路的概率合并，并重新排列。

（4）多次重复上述步骤，直到合并概率归一时为止。

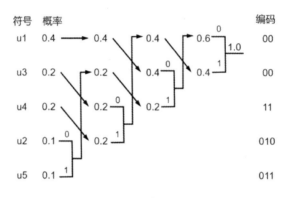

（a）方案一

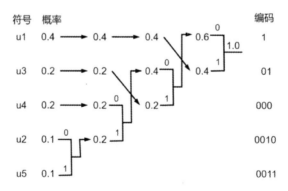

（b）方案二

图 8.2　两种哈夫曼编码实例

从图 8.2 中可以看出，方案一和方案二虽平均码长相等，但同一符号可以有不同的码长，即编码方法并不唯一，其原因是两支路概率合并后重新排队时，可能出现几个支路概率相等，造成排列方法不唯一。一般来说，若将新合并后的支路排到等概率支路的最上面，将有利于缩短码长方差，且编出的码更接近于等长码。这里方案一的编码比方案二好。

4．基于 Python 软件的哈夫曼编码实现

在哈夫曼编码实现过程中，需要根据概率进行合并与排序，即创建一个哈夫曼树，其节点就是概率。由于哈夫曼树中没有概率为 1 的节点，则一棵有 n 个叶子节点的哈夫曼树共有 $2n-1$ 个节点，可以用一个大小为 $2n-1$ 的一维数组存放哈夫曼树的各个节点。由于每个节点同时还包含其父节点和子节点的信息，所以构成一个静态三叉链表。

为了简化流程，基于 Python 软件实现对灰度图像进行哈夫曼编码，对彩色图像的编解码可以按照 R、G、B 分量分别进行，程序如下。

```python
import cv2
import numpy as np
from collections import Counter
import heapq
def comp_pic(pic_path):
    #读取图像
    pic = cv2.imread(pic_path, cv2.IMREAD_GRAYSCALE)%本程序对灰度图像进行编码
    #将输入图像转化为一维数组
    all_pix = np.array(pic).flatten()
    #按照顺序对统计像素值出现次数进行排序
    f = dict(Counter(all_pix))
    f = dict(sorted(f.items(), key=lambda i: i[1]))
    #构建哈夫曼树
    h = [[w, [pix, ""]] for pix, w in f.items()]
    #堆操作，将一个list转换为一个最小堆。
    heapq.heapify(h)
    while len(h) > 1:
        #弹出并返回堆heap的最小元素
        l = heapq.heappop(h)
        g = heapq.heappop(h)
        for pair in l[1:]:
            pair[1] = '0' + pair[1]
        for pair in g[1:]:
            pair[1] = '1' + pair[1]
        heapq.heappush(h, [l[0] + g[0]] + l[1:] + g[1:])
    #构建哈夫曼编码表
    h_dict = dict(sorted(heapq.heappop(h)[1:], key=lambda i: (len(i[-1]), i)))
    #对原图像进行编码
    pix_enc = ''.join([h_dict[pix] for pix in all_pix])
    #将编码后的字符串按8位进行分割
    b_enc = [pix_enc[i:i+8] for i in range(0, len(pix_enc), 8)]
    #若不足8位则补0
```

```
    last_byte_len = len(b_enc[-1])
    if last_byte_len < 8:
        b_enc[-1] += '0' * (8 - last_byte_len)
    #将字符串类型转化为数组
    b_enc = bytearray([int(b, 2) for b in b_enc])
    #对数组解码，得到编码后的二进制字符串
    str_dec = ''
    for b in b_enc:
        str_dec += '{0:08b}'.format(b)
    #对上述二进制字符串解码，得到像素值数组
    pix_dec = []
    c = ''
    for bit in str_dec:
        c += bit
        if c in h_dict.values():
            pix = list(h_dict.keys())[list(h_dict.values()).index(c)]
            pix_dec.append(pix)
            c = ''
    #重构，得到图像
    pic_dec = np.array(pix_dec, dtype=np.uint8).reshape(pic.shape)
    #计算压缩比
    comp = len(b_enc)
    Original_size = pic.shape[0] * pic.shape[1]
    comp_rate = (comp / Original_size)
    #输出压缩前后的图像和压缩比
    cv2.imwrite('Original.png', pic)
    cv2.imwrite('comp.png', pic_dec)
    print("压缩比:", comp_rate)#测试
comp_pic(r'd:/shouhuan.jpg')
```

压缩后的图像数据量与原图像数据量之比为 0.996，哈夫曼解码后的实验结果如图 8.3 所示。

　　　（a）原图像　　　　　　　（b）哈夫曼解码后恢复的图像

图 8.3　哈夫曼编码后的实验结果

8.2.2 算术编码

1. 算术编码介绍

算术编码是图像压缩编码中的主要算法之一,属于无损数据压缩方法。其基本原理就是将区间[0, 1)连续划分成多个子区间,每个字符区间代表一个字符,区间大小与这个字符出现的概率成正比。消息越长,编码表示它的间隔就越小,表示这一间隔所需的二进制位就越多。在保留字符排列顺序的同时,对于更高频出现的字符,也就是概率更大的字符,赋予更大的小数区间。

2. 算术编码步骤

算术编码步骤如下。

(1)以二进制方式读取文件,计算出文件中不同字节的频数和累计频数。

(2)按照不同字节出现的频率,将[0, 1)区间划分成若干个子区间,每个子区间代表一个字节,区间的大小正比于这个字节出现的频率,且所有的子区间加起来正好是[0, 1)。

(3)编码从初始区间[0, 1)开始,不断读入原始数据的字符,每读入一个字符,首先找到该字符所在的区间,然后把该区间作为新的区间间隔,最后按照字符出现的频率将字符等比例地缩小到最新得到的区间间隔中。

(4)在最新的区间中重复步骤(3),继续将该区间进行划分,不断重复这个过程,直到信号中的信源信号全部读完为止,将得到的区间中任意一个小数以二进制形式输出即可得到编码的数据。

下面通过一个实例来解释具体实现过程。假设信源产生四种符号,分别为 A、B、C、D,其概率分别为 0.2、0.3、0.4 和 0.1。

表 8.1 信源产生的符号及其概率分布

信源产生的符号	A	B	C	D
概 率	0.2	0.3	0.4	0.1
初 始 区 间	[0, 0.2)	[0.2, 0.6)	[0.6, 0.9)	[0.9, 1)

对字符串 ACBD 进行算术编码的过程如图 8.4 所示,在字符串读取完毕后得到的区间中,本例取任意小数 0.154 作为编码输出。

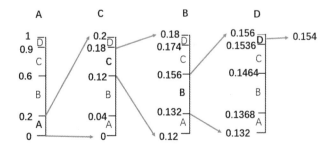

图 8.4 算术编码示意图

3. 算术解码步骤

解码就是编码过程的逆过程。首先创建一个解码表,然后判断待解码的数据在哪个区间范围内，按照符号的概率分布不断划分区间，寻找待解码的小数落在哪个区间内，就将该范围对应的符号作为输出，不断重复这个过程。

仍以图 8.4 所示的算术编码实例为例，介绍解码过程。

（1）根据编码值 0.154 判断其所在的原始区间为[0, 0.2]，可以得到其首位字符为 A。

（2）按照符号概率分布进一步划定"新的区间"，并判断编码值落在"新的区间"中的位置，得到第二位字符。

（3）重复以上步骤，直到解码长度达到要求为止。如果解码长度不限制的话，可以一直解码下去，无损还原出原始信息，如图 8.5 所示。

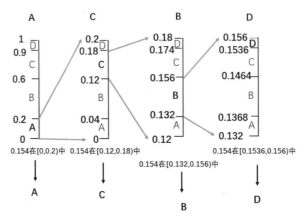

图 8.5　算术解码过程

4．Python 软件中算术编码、解码实现

```python
#编码过程
'''
data: 要编码的数据
fir_col: 包含符号概率信息的字典
size: 数据集中的符号数量
'''

def encode(data, fir_col, size):
    T_high = 0
    M_high = A_low = T_low = 1
    for i in range(len(data)):   #遍历输入数据，对每个符号进行编码
        T_high = T_high * size + M_high * fir_col[data[i]][1]   #计算当前码字上界
        T_low = T_low * size   #更新码字下界
        M_high *= fir_col[data[i]][0]
        A_low *= size    #更新累积乘积
    #计算码字长度，函数 math.ceil(x) 返回不小于 x 的最小整数
    L = math.ceil(len(data) * math.log2(size) - math.log2(M_high))
    #利用函数 dec2bin() 把十进制数转换成一个长度为 L 的字符串
    bin_C = dec2bin(T_high, T_low, L)
```

```
    amcode = bin_C[0:L]    #取前 L 位，得到自适应编码后的编码字符串，生成编码
    return T_high, T_low, amcode    #返回编码后的上下界及编码字符串


#解码过程
'''
T_high:编码后码字上界
T_low:编码后码字下界
pro_dic: 包含符号概率信息的字典
keys: 符号列表
num_acc: 频率区间的累积列表
byte_num: 每个解码块的字节数
data_size: 总数据大小
Mfind(date_list, target): 自定义的二分法搜索中间元素；输入是已经排好序的列表 date_list 和
一个目标值 target，输出为中间元素
'''


def decode(T_high, T_low, pro_dic, keys, num_acc, byte_num, data_size):
    byte_list = []    #解码后的字节列表，初始化为空列表
    for i in range(byte_num):    #循环读入待解码数据
        #用二分法查找编码所在的频率区间，求出 k
        k = Mfind(num_acc, T_high * data_size / T_low)
        #如果 k 等于频率区间的最大值，则将 k 减 1，保证 k 指向实际的频率区间
        if k == len(num_acc) - 1:
            k -= 1
        key = keys[k]    #根据 k 找到对应的符号
        byte_list.append(key)    #将解码出来的符号追加到解码后的字节列表中
        #更新区间上限
        T_high = (T_high * data_size - T_low * pro_dic[key][1]) * data_size
        T_low = T_low * data_size * pro_dic[key][0]    #更新区间长度
    return byte_list    #返回解码字节列表
```

实验结果显示压缩比为 0.738，算术编码前后对比如图 8.6 所示。

（a）原图像　　　　　　　　　　　　（b）算术解码后恢复的图像

图 8.6　算术编码前后对比

8.2.3 LZW 编码

1. LZW 编码流程

LZW 编码形成一个在输入数据中创建的词典和以相关字符串索引值为输出的编码数据。其中，字典存放索引值和其对应的字符串编码器从原字符串不断读入新的字符，并将单个字符或字符串编码为记号，这样就可能用较短的编码来表示长的字符串。这个过程需要两个变量：R 表示已有的还没有被编码的字符串，S 表示当前新读进来的字符。

LZW 编码流程图如图 8.7 所示，流程如下。

（1）初始状态，字典里只有所有的默认项，此时 R 和 S 都是空的。

（2）读入新的字符 S，与 R 合并形成字符串 RS。

（3）在字典里查找 RS，若 RS 在字典中，则编码不输出任何结果，且使 R 更新为 RS；若 RS 不在字典中，就更新字典，即在字典表最后添加一个新的索引值和 RS，并输出 R 在字符串表中的索引值。R 更新为 S。

（4）重复步骤（2），直至读完原字符串中所有字符。

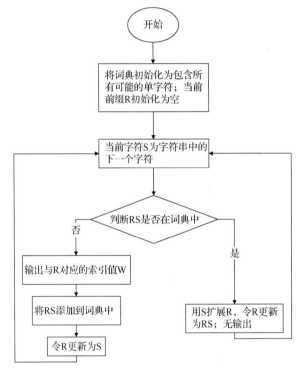

图 8.7　LZW 编码流程图

LZW 解码流程图如图 8.8 所示。解码过程为边解码边生成字典并同时输出解码信息。解码的输入是编码过程的输出码字数据，类似于编码，需要考虑两个变量 R 和 S，其中，R 表示与码字 RW 相对应的刚被解码出的字符串，S 表示与码字 SW 相对应的当前被解码出的字符串。

（1）初始状态，字典里只有所有的默认项，此时 R 和 S 都是空的。

（2）读取第一个码字，解码输出其在字典中对应的字符串，且使 R 更新为 S。

（3）读取下一个码字 SW，判断当前码字 SW 是否在字典中。

（4）在字典中查找 SW，若 S 在字典中则更新字典，解码输出 SW 对应的字符串 S，并使 R 更新为 S；如果 S 不在字典中，将 R 和 R 的第一个字符构成新的字符串并添加到字典最后，解码输出该新字符串，并使 R 更新为 S。

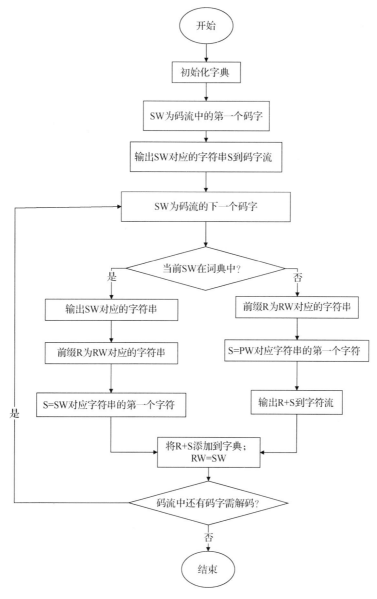

图 8.8　LZW 解码流程图

2. 在 Python 软件中实现 LZW 编码

（1）定义编码函数。

```python
def Encode(img):
    shape = img.shape
    img1=img.flatten()    #使图像序列化
    dict1=dict(zip(np.array(range(256),dtype='str'),range(256)))
```

```
#构建初始字符串表
dict1['LZW_CLEAR']=len(dict1)
dict1['LZW_EOI']=len(dict1)
result=[]    #存放编码结果
R= ''  #初始化 R
result.append(dict1['LZW_CLEAR'])  #读取开始字符
for S in img1:  #循环读入待编码字符
    if R=='':
        temp=str(S)
    else:
        temp=R +'-'+ str(S)  #构建 RS
    if temp in dict1.keys():  #若 RS 在词典中，则令 R 更新为 RS
        R=temp
    else: #否则更新词典,输出索引,令 R 更新为 S
        dict1[temp]=len(dict1)
        result.append(dict1[R])
        R = str(S)
result.append(dict1[R])  #将最后一个 R 输出
result.append(dict1['LZW_EOI'])  #输出结束符
return result,shape  #返回输出结果，编码完成
```

（2）定义解码函数。

```
def  Decode(code_stream,shape):
    img=""  #将解码的结果放在 img 字符串中
    S = code_stream.pop(0)  #从第一个字符开始读取
    values=[str(x)+'-' for x in range(S)]  #构建初始化字典的索引
    #构建初始化字典
    dict1=dict(zip(range(S),values))
    dict1[len(dict1)]='LZW_CLEAR'
    dict1[len(dict1)]='LZW_EOI'
    R=''  #定义变量 R
    for i in range(len(code_stream)):
        S=code_stream.pop(0)  #取第一个字符并赋值给 S
        if S in dict1.keys():  #若 S 在词典中
            if R=='':
                img+=(dict1[S])  #数据为第一个字符
                R=S
            else:
                head=dict1[S].split('-')
                temp=dict1[R]+head[0]+'-'  #构建 RS
                dict1[len(dict1)]=temp  #更新词典
```

```
        img+=(dict1[S])   #输出 S
        R=S
    else:  #若 S 不在词典中
        head=dict1[R].split('-')
        temp=dict1[R]+head[0]+'-'   #构建 RS
        dict1[len(dict1)]=temp   #更新词典
        img+=(temp)   #输出 RS
        R=S   #令 R 更新为 S
img=img.rstrip('-LZW_EOI')   #将字符串"-LZW_EOI"删除
img=np.array(img.split('-'),dtype=int)   #转换输出结果的类型
img=img.reshape(shape)   #改变形状,将输出结果改变成原图像
plt.suptitle('LZW 编码')
plt.subplot(121)   #设置第一个子图
plt.title('原图像')
```

（3）主函数实现。

```
img1 = image.imread('D:/ denglong.jpg')
img1size = img1.size
code,shape=Encode(img1)   #对输入图像编码
Decode(code,shape)   #解码
plt.savefig( 'D:/LZW.jpg')
plt.show()
imgout = image.imread('D:/ LZW.jpg')
imgsize = imgout.size
compression_ratio = img1size / imgsize
print(f"Compression ratio: {compression_ratio:.3f}")
```

3．实现结果

本例中压缩比为 0.281，原图像与解码恢复后的图像对比如图 8.9 所示。

（a）原图像　　　　（b）解码恢复后的图像

图 8.9　LZW 编码实验结果

8.2.4 行程编码

1. 行程编码介绍

行程编码又称为游程编码、行程长度编码等，是一种统计编码。它的原理是在数字图像的编码中寻找连续的重复数据，并用出现次数和颜色编号取代这些连续的重复数据。例如，一串字母表示的数据为 aaaaabbcccddddccddbb，经过行程编码处理后可表示为 5a2b3c4d2c2d2b。

对于数字图像而言，同一幅图像某些连续区域的颜色相同，即在这些图像中，许多连续的扫描都具有同一种颜色，或者同一扫描行中许多连续的像素都具有同样的颜色。在这种情况下，只要存储一个像素的颜色、相同颜色像素的位置及相同颜色像素的数目即可，对数字图像的这种编码称为行程编码，把具有相同灰度值（颜色值）的相连像素序列称为一个行程。

行程编码分为定长行程编码和变长行程编码两种。定长行程编码是指编码行程所使用的二进制位数是固定的。若灰度连续相等的像素个数超过了固定二进制位数所能表示的最大值，则进行下一轮行程编码。变长行程编码是指对不同范围的行程使用不同位数的二进制位数进行编码，需要增加标志位来表明所使用的二进制位数。

行程编码一般不直接用于颜色丰富的自然图像（彩色图像），如对日常生活中的照片编码，比较适合用于二值图像的编码。为了达到较好的压缩效果，有时行程编码会与其他的编码方法混合使用。该编码技术非常直观和经济，运算也非常简单，因此解压缩速度很快。译码时按照编码时采用的规则进行，还原后得到的数据与压缩前的数据完全相同。因此行程编码是无损压缩技术。行程编码所能获得的压缩比有多大，主要取决于图像本身的特点。图像中具有相同颜色的区域越大，区域数目越少，压缩比就越大。反之，压缩比就越小。

行程编码对传输差错很敏感，如果其中一位符号发生错误，就会影响整个编码序列的正确性，使行程编码无法还原回原始数据，因此一般要用行同步、列同步的方法，把差错控制在一行或一列之内。行程编码还有一个缺点，如数据为 ABCDBACADB，使用行程编码后的文件会增大，即 1A1B1C1D1B1A1C1A1D1B，达不到压缩的效果。

2. 在 Python 软件中实现行程编码

```
# 对灰度图像进行行程编码
rows, cols = gray_image.shape
row_lengths = []
pixel_values = []
current_row = -1
current_length = 0
for i in range(rows):
    for j in range(cols):  #遍历灰度图像中的每个像素
        if i != current_row:  #如果当前像素所在的行号与 current_row 不同，就将当前行中的
像素数量 current_length 加入 row_lengths 列表，并将 current_row 更新为当前像素所在的行号，
将 current_length 重置为 0
            row_lengths.append(current_length)
            current_row = i
            current_length = 0
```

```
        if gray_image[i, j] != 0:  #若当前像素值不为 0，则将其像素值加入 pixel_values 列
表，并将 current_length 加 1
            pixel_values.append(gray_image[i, j])
            current_length += 1
        else:  #若当前像素值为 0，则将其编码为 0，将 0 加入 pixel_values 列表，并将
current_length 加 1
            pixel_values.append(0)
            current_length += 1
row_lengths.append(current_length)    #遍历完成后，将最后一行的像素数量 current_length
加入 row_lengths 列表
#最终得到的 row_lengths 和 pixel_values 列表中分别存储了每行中像素值不为 0 的像素数和每行的
像素值，若像素值为 0，则编码为 0


# 将行程编码转换为字节流，并将其写入文件


# 将行程编码分别存储到两个不同的 NumPy 数组中
row_lengths = np.array(row_lengths, dtype=np.uint16)
pixel_values = np.array(pixel_values, dtype=np.uint16)


# 将两个 NumPy 数组合并为一个元组
run_length_encoding = (row_lengths, pixel_values)


# 将元组转换为字节流，并将其写入文件
with open('encoded_image.bin', 'wb') as f:
    f.write(np.array(run_length_encoding).tobytes())


# 将行程编码解码为图像
decoded_row_lengths = run_length_encoding[0]  # 获取行程编码的行长度
decoded_pixel_values = run_length_encoding[1]  # 获取行程编码的像素值
# 创建一个大小为(rows,cols)的全零矩阵
decoded_gray_image = np.zeros((rows, cols), dtype=np.uint8)
current_row = -1  # 初始化当前行为-1，以便从第一行开始处理
current_length = 0  # 初始化当前行像素值的长度为 0
current_index = 0  # 初始化当前像素值的索引为 0
for i in range(rows):  # 循环处理每一行
    for j in range(cols):  # 循环处理每一列
        if i != current_row:  # 如果当前行已经处理完毕
            current_row = i  # 将当前行更新为正在处理的行
            current_length = decoded_row_lengths[i]  # 更新当前行像素值的长度
        # 将当前像素值填入解码后的图像
```

```
decoded_gray_image[i, j] = decoded_pixel_values[current_index]
current_index += 1  # 将当前像素值的索引加 1，指向下一个像素值
```

运行结果显示本例中的压缩比为 0.5047，行程编码实验结果如图 8.10 所示。

（a）原图像　　　　　　　　　　　　　（b）压缩后解码图像

图 8.10　行程编码实验结果

8.2.5　DPCM 编码

一幅图像的像素与像素之间往往是有关联的，如一张绿色植物的照片，绿色像素的近邻大多还是绿色像素，这两个像素之间的差别很小。因此当我们处理一幅图片的时候，可以考虑到这种特性，在压缩时减小这种相关的空间冗余，DPCM（Differential Pulse Code Modulation，差分脉冲编码调制）编码就是基于这种思想的一种编码手段。

DPCM 编码利用信源相邻符号间的相关性，首先根据某一模型利用以往的样本值对新的样本值进行预测，然后将样本的实际值与预测值相减得到一个误差值，最后对这一误差值进行编码。这种编码方式适用于去除图像或视频的信源空间冗余，即每一帧相邻的像素间较强的相关性，其像素值相差并不大。如果模型足够好且样本序列在时间上相关性比较强，则误差信号的幅度将远远小于原始信号，从而得到较好的压缩效果。

例如，用前一个像素（右边或上边）作为后一个像素的预测值，而一个像素的存储值就会变成预测值与当前像素实际值的差值。计算机中 8 位能存储的无符号数是 0～255，而差值的取值范围为-255～+255，因此需要在得到的差值上加 255 使之全部变为正值。但这么做的问题是原来 8 位就可以存储的图像现在需要 9 位才能存储，这时候就需要将差值也量化一下，如采用 6 位量化，则需要将差值先加上 255 再除以 $2^{9\text{-}6}$，从而使最后得到的量化值区间为 0～63，即得到 6 位量化。再将当前值反方向计算回去得到重建后的值作为下一个像素的预测值。

在 DPCM 系统中，DPCM 编码器中实际上内嵌了一个解码器，所以预测器的输入是已经解码后的样本，在解码端无法得到原始样本，只能得到存在误差的样本。基于 Python 软件的DPCM 编码实现程序本节不再展示，感兴趣的读者可以自行编写。

8.2.6　小波变换编码

傅里叶波指的是在时域无穷振荡的正弦波（或余弦波）。相对傅里叶波而言，小波指的是一种能量在时域中非常集中的波，它的能量有限，都集中在某一点附近，且积分值为零，这说明它与傅里叶波一样都是正交波形。

图像二维离散小波变换的分解和重构示意图如图 8.11 所示。

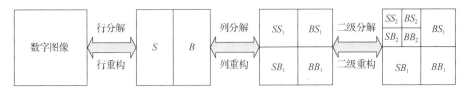

图 8.11　图像二维离散小波变换的分解和重构示意图

分解过程：首先对数字图像的行做一维离散小波变换，得到原图像在水平方向上的低频分量 S 和高频分量 B；然后对数据的列进行一维离散小波处理，获得原图像在水平方向和垂直方向上的低频分量 SS、水平方向上的低频分量和垂直方向上的高频分量 SB、水平方向上的高频分量和垂直方向上的低频分量 BS 及水平方向和垂直方向上的高频分量 BB。

重构过程：先对变换后的数据列进行一维离散小波逆变换，再对得到数据的行进行一维离散小波逆变换，即可得到重构图像。

小波编码是指对图像像素去相关的系数进行编码，这种编码方式比对图像像素本身编码更有效。例如选择小波变换的基函数将重要的可视信息分组到少量系数中，剩下的系数被量化，这样图像几乎不会失真。小波编码、解码过程示意图如图 8.12 所示。

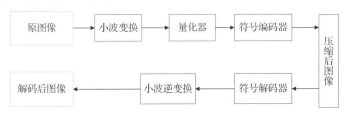

图 8.12　小波编码、解码过程示意图

对图像进行小波编码的流程如下。

（1）对图像进行多级小波分解，得到相应的小波系数。

（2）对每层小波系数进行量化，得到量化系数对象。

（3）对量化后的系数对象进行编码，得到压缩图像。

在基于小波编码的图像压缩过程中，大多采用双正交小波、Haar 小波等，都可取得不错的压缩效果。基于 Python 软件的小波编码的图像压缩方法的实现程序本节不再展示，感兴趣的读者可以自行编写。

8.3　本章小结

本章主要介绍了图像压缩的基本理论，讲述了图像压缩的标准和分类，并详细描述了最常用的压缩方法，给出了几个算法的具体 Python 程序和实验效果。具有压缩格式的数字图像和视频在存储、传输、互联网和视频分发中起着非常重要的作用。

数字图像和视频压缩的编码、解码技术和芯片，广泛应用于数字照相机、数字电视、多媒体移动通信等领域。但其核心技术、芯片和有关标准长期掌握在少数发达国家手里。2003 年 10 月，我国第一片具有完全自主知识产权的数字图像与视频压缩编码解码芯片在湖南中芯数字技术有限公司诞生，这标志着少数发达国家垄断该核心技术和芯片的时代已经结束，对我国的高清晰电视及数字图像传输等视频产业的发展有着重大意义。湖南中芯数字技术有限公司研制的中国芯，除了拥有完全自主知识产权，其表现已超过了当时发达国家的最新压缩技术标准 JPEG 2000 的性能，技术性能指标在当时也达到了国外同类产品的领先水平。

2002 年 6 月，中华人民共和国信息产业部（现中华人民共和国工业和信息化部）批准成立数字音视频编解码技术标准工作组（AVS 工作组），旨在打破国际专利对我国音视频产业发展的制约，满足我国在信息产业方面的发展需求。AVS 工作组已主导制定了一系列视频压缩编码标准：AVS1、AVS+、AVS2 和 AVS3。其中，2021 年发布的 AVS3 是面向 4K/8K 超高清应用的编码标准，编码效率比前一代标准高一倍左右，是国际上第一个正式发布的同类标准。AVS3 将为新兴的 5G 媒体应用、虚拟现实（VR）媒体等提供技术规范，在未来 5～10 年中引领 8K 超高清、VR 视频产业的发展。

习题

1. 图像数据中存在哪几种冗余？什么是空间冗余和视觉冗余？
2. 简述有损压缩和无损压缩的概念，讨论两者的差异及各自的应用场合。
3. 阐述图像压缩模型的功能模块及其作用。
4. 试分析哈夫曼编码的优缺点。
5. 实操题：在 Python 软件中实现算术编码的一个实例，试分析其特点，并举例说明其适用范围。
6. 实操题：在 Python 软件中实现行程编码的一个实例，并分析其特点。
7. 操作拓展题：在 Python 软件中实现 DPCM 编码的一个实例，并分析其特点。

第 9 章 数 字 水 印

随着国内外信息技术和产业的飞速发展，网络环境下数字作品的版权保护，已成为一个必须解决的迫切问题。数字水印技术（Digital Watermarking Technology）被认为是数字作品版权保护的重要手段之一。本章重点介绍数字图像处理技术在数字水印领域中的应用。

9.1 数字作品的版权保护

通常，数字作品可以概括为建立在计算机技术、显示技术、存储技术、通信技术、网络技术、流媒体技术等高新技术的基础上，以数字化的方式存储在磁盘或光盘等有形载体上，或者在互联网上存在、传播的人的智力成果产出。

数字作品主要包括两类：一类是传统作品的数字化，如将纸质书籍转换为电子版，如一本小说是作品，一本电子版本的小说则是数字作品；另一类是原生数字作品，如网络文学、短视频、网络音乐、网络美术作品、网络动漫、电子书等。这些数字作品的出版在丰富了内容和形式的同时，改变了人们的生活方式和消费理念，更融合并超越了传统出版物的内容，促进了新兴出版产业的发展。

9.1.1 数字作品的特点

数字作品相较于传统作品，具有以下特点。

（1）复制操作简单：数字作品用数字格式存储，伴随着数字技术与网络技术的进步，其复制与传播日趋简便，可以通过简单操作（如一键下载、复制、转发等）形成无限制的多份复制品，其品质不会发生变化。

（2）编辑修改方便：数字产品以电子形式存在，只需要敲击键盘，即可对其进行增加、删除、修改等操作，具有易变性。

（3）司法鉴定困难：数字作品原作与复制品完全相同，在理论上不存在鉴别的可能；文件本身携带的如修改时间、所有者姓名、读写密码等附加信息，很容易被篡改，只能形成一种脆弱的保护。

9.1.2 数字作品的版权保护现状

数字作品很容易被非法复制和扩散，版权产业长期受确权烦琐、盗版、侵权索赔难度高等因素的制约，尤其是图片、短视频、网络文学等产业版权保护问题亟待解决。随着海量数字作品的涌现，知识产权若得不到有效保护，必定妨碍相关产业健康有序的发展。

保护知识产权就是保护创新，每年 4 月 26 日是世界知识产权日，2023 年是中国与世界知识产权组织合作的 50 周年。截至 2023 年，我国已经连续 18 年开展打击网络侵权盗版"剑网"专项行动。目前我国版权保护的体制机制更加完善，在全社会树立了"保护版权光荣、侵权盗版可耻"的理念。我国知识产权创造质量稳步提升，有效服务了创新驱动发展战略，有力促进了高水平对外开放，知识产权强国建设迈出了新的坚实步伐。

我国 2022 年全年授权发明专利 79.8 万件，每万人口高价值发明专利拥有量达到 9.4 件。2022 年 10 月世界知识产权组织（WIPO）正式发布的《2022 年全球创新指数报告》显示，中国在全球创新指数中的排名从去年的第十二位上升至第十一位。这是我国的排名连续第十年稳步上升，已经累计提升了 23 位，展示出我国知识产权综合实力和科技创新能力显著进步，也印证了我国贯彻新发展理念，实施创新驱动发展战略，加强知识产权保护所取得的巨大成就。

9.2　版权保护技术发展

相关阅读请扫二维码

数字作品的版权保护技术大致经历了两个阶段：一是以数字水印技术为主要标志的早期发展阶段；二是以新兴技术融合为标志的大版权时代数字版权唯一标识符（DCI）技术体系发展阶段。

9.2.1　数字水印技术的发展

1. 学术发展

1994 年，Van Schyndel 在国际信息处理会议（ICIP）中发表了题为 "A digital watermark" 的文章，是第一篇在主流学术会议上发表的数字水印相关文章，阐明了关于数字水印的重要概念，被认为是一篇具有历史价值的文献，标志着数字水印研究这一领域的开始。

1995 年，Cox 等人提出了一种基于扩频通信（Spread Spectrum）思想的数字水印方案，将数字水印信息添加到离散余弦变换域中，提高数字水印对图像处理的鲁棒性。这一数字水印方案也成为数字水印技术中的一个经典方案。

1996 年，第一届信息隐藏国际学术研讨会（International Information Hiding Workshop）在英国剑桥大学的牛顿数学科学研究所召开，这标志着信息隐藏学的诞生。数字水印技术的研究得到了快速的发展，像麻省理工学院、剑桥大学、朗讯公司的贝尔实验室、德国国家信息技术研究中心、微软公司、NEC 公司和 IBM 公司等许多著名的大学、科研机构和公司纷纷开展对该领域的研究，大量的数字水印方案不断出现。自 2002 年开始，每年召开的国际数字水印学术会议（IWDW）已发展成为信息隐藏领域的国际知名会议之一。

我国在数字水印技术领域开展研究工作起步相对比较晚，但是政府、研究机构和大学都非常重视这一新兴的技术，投入了大量的研究精力与资金，如中国科学院自动化研究所、清华大学、北京邮电大学、哈尔滨工业大学、北京电子技术应用研究所等多个知名高校和科研院所，而且新的研究机构也不断加入此领域。自 1999 年开始，我国开始举办全国信息隐藏学术研讨会（CHIW）。历次会议的成功召开为中国信息隐藏领域积累了丰富的学术资源，增进了信息安全领域同行的学术交流，提升了中国在信息隐藏领域的国际地位。

2．研发与应用发展

数字水印技术在初期注重理论研究，但随着理论研究的深入，该技术在实际中的应用也得到了飞速发展。

Digimarc 公司，成立于 1995 年，是美国最早专业从事数字水印技术应用的企业之一，它的产品主要面向多媒体版权保护、认证和电子商务等领域，包括面向金融文档、身份证件、数字图像等数字作品的版权保护、认证和操作跟踪等安全管理。Digimarc 公司率先推出了世界上第一个商用数码水印软件，作为 Adobe Photoshop 的插件出现，核心功能主要是让用户添加或查看数字图像中的版权信息，也曾一度集成到 CorelDRAW 7.0 中。此外，从事数字水印软件产品开发的公司中，具有代表性的有美国的 Alpha 公司、Activated Content 公司，英国的 Signum 技术公司，以色列的 Aliroo 公司，荷兰的 Philips 公司和瑞士的 Alpvision 公司等。

我国从事数字水印技术研发的公司相对较少，早期主要有上海阿须数码技术有限公司、北京中科模识科技有限公司、成都宇飞信息工程有限责任公司和四川联讯科技有限责任公司四家。其中上海阿须数码技术有限公司开发了阿须数字印章、阿须数字水印条码、阿须数字手写签名、阿须 PDF 认证系统、阿须数字证书和阿须多媒体版权保护系统等数字安全方面的系统软件；北京中科模识科技有限公司主要从事音频数字水印软件的研发工作；成都宇飞信息工程有限责任公司和四川联讯科技有限责任公司各自开发了数字水印印刷防伪系统。

此外，北京汉邦高科数字技术有限公司从 2017 年开始研发适用于 AR（增强现实）/VR视频的数字水印版权保护技术，ViewMark 系列核心数字水印产品将数字水印技术应用于媒体内容的版权管理和溯源追踪，具有不可篡改、人眼不可识别、亿量级定制能力、唯一性、不需要原版参照即可鉴别等特点，可广泛用于传统和互联网多媒体版权保护领域。北京汉邦高科数字技术有限公司作为 ChinaDRM 论坛的成员单位，参与《视音频内容分发数字版权管理视频数字水印技术要求和测量方法》国家标准的意见讨论，该标准已在 2020 年 8 月通过主管部门审核，是数字水印技术领域的第一项国家标准。

9.2.2　大版权时代 DCI 体系发展

伴随互联网发展，文化产业数字化进程加快，传统版权保护技术已难以满足版权保护需求。要应对数字出版技术发展带来的版权保护挑战，除了国家政策指导，区块链、大数据、数字水印等技术的综合运用也发挥了重要作用。随着国家政策对版权产业支持力度的持续加强和新技术的应用推广，未来版权确权、盗版追踪、侵权索赔等机制逐步完善，版权市场红利充分释放，大版权时代已经到来。

网络版权保护的最终目的不是"如何防止使用"，而是"如何控制使用"，如何精准、快速、全链路有效解决数字作品版权的问题，有着至关重要的现实意义。

DCI 体系是我国自主创新、自主可控的数字版权公共服务创新体系。2010 年，中国版权保护中心正式提出 DCI 标准及 DCI 体系建设构想。DCI 体系可作为我国互联网版权治理的基础设施，对我国构建和维护网络版权秩序、掌握网络空间国际话语权具有重要意义。

DCI 标准可被贯标应用于数字网络环境下多种场景，如图 9.1 所示。

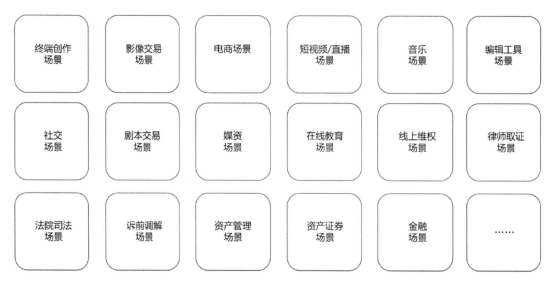

图 9.1　DCI 标准的应用场景

"十三五"规划以来，DCI 体系已取得一系列积极的成果，以 DCI 为核心的数字版权公共服务体系写入了国务院印发的《"十三五"国家信息化规划》，DCI 体系建设工程也专项写入了国家广播电视总局《新闻出版广播影视"十三五"发展规划》。

中国版权保护中心自 2019 年开始与新华社中国图片集团、中央广播电视总台、新华网、华为技术有限公司等有关方面开展 DCI 体系应用的战略合作。2020 年 9 月国家级影像版权服务平台开始构建，探索 5G 时代影像内容版权领域的创新研究，以人工智能技术、区块链技术、数字水印技术为依托，提供版权技术支撑和服务，共建互联网视觉版权交易新生态。数字水印技术和区块链技术在版权保护领域可以起到相互补充的作用，区块链技术解决篡改登记时间和内容的问题，数字水印技术则解决提供证据的问题。

2021 年 2 月，国家新闻出版署发布了出版业科技与标准重点实验室名单，由中国版权保护中心牵头共建的 DCI 技术研究与应用联合重点实验室成功入选，成为全国 42 家出版业（含版权）科技与标准重点实验室之一。

2021 年 8 月，DCI 体系 1.0 产品在阿里巴巴原创保护平台正式上线。该平台商家上传自己拍摄的原创商品照片时，即可秒级完成版权权属确认，获得 DCI，实现原创作品"触网即确权"。依靠 DCI 体系核心服务能力，可实现每日图片查重 4.1 亿张、维权监测 15 万张，可支撑新增原创图片保护量 40 万张。

2021 年 12 月，国家版权局印发《版权工作"十四五"规划》，明确提出将网络领域作为版权保护主阵地，不断提升版权管网治网能力。加强大数据、人工智能、区块链等新技术开发运用，提升传统文化、传统知识等领域的版权保护力度。

2022 年 8 月，中国版权保护中心与蚂蚁集团蚂蚁链正式签署合作协议，共建数字版权链（DCI 体系 3.0），以共同推进国家"区块链+版权"特色应用试点项目为契机，探索构建互联网版权服务创新机制和产业新生态，助力国家文化数字化战略实施和产业高质量发展。随着数字版权更大规模的推广应用，将大力推动我国自主创新的 DCI 体系系统，集成人工智能、区块链、云计算、大数据及 5G 通信等先进技术，助力提升互联网版权治理体系和治理能力现代化水平。未来 DCI 将成为数字时代信息内容不可或缺的"版权身份证"标识。

9.3　数字水印技术

9.3.1　数字水印技术的概念

数字水印技术是将一些标识信息（数字水印）直接嵌入数字载体（包括多媒体、文档、软件等），但不影响原载体的使用，也不容易被人的知觉系统（如视觉系统、听觉系统）觉察或注意到。通过这些隐藏在载体中的信息，可以达到确认内容创建者、购买者、传送隐秘信息或者判断载体是否被篡改等目的。数字水印是信息隐藏技术的一个重要研究方向，如图 9.2 所示。

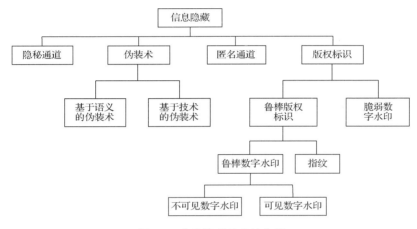

图 9.2　信息隐藏技术的分类

9.3.2　数字水印技术的基本原理

通用的数字水印系统包括两个基本模块：数字水印的嵌入和数字水印的检测（或提取）。所嵌入的数字水印可以是任何形式的数据，如随机数字序列、数字标识、文本及图像等。

（1）数字水印嵌入系统。

系统输入是数字水印、载体图像数据、公钥或私钥（可选项）。载体图像为待嵌入数字水印的原图像，也称为宿主图像；密钥用于提高系统安全性，避免未授权方恢复和修改数字水印。该系统的输出是嵌入了数字水印的数据，即载密图像，如图 9.3 所示。

图 9.3　数字水印嵌入框图

（2）数字水印检测系统。

系统输入是已经嵌入数字水印的数据、私钥或公钥、原始数据或原始数字水印（取决于嵌入数字水印的算法）；系统输出是提取的数字水印信息，或者是某种可信度的值，表明待检测数据中含有给定数字水印的可能性，如图 9.4 所示。

图 9.4　数字水印检测框图

9.3.3　数字水印技术的特点

数字水印技术的主要特点如下。

（1）透明性：也称为不可见性。数字水印与原始数据紧密结合并隐藏在其中，数字水印的存在不能破坏原始数据的欣赏价值和使用价值。例如图像数字水印，嵌入数字水印后，要保证图像在视觉上与原图像保持一致，通过人的感知系统无法察觉，即嵌入数字水印的图像和原图像看起来是一样的。

（2）鲁棒性：也称为健壮性，指嵌入到数字作品中的数字水印在数字作品受到一定的攻击（如信道噪声、滤波、数/模转换、模/数转换、重采样、剪切、位移、尺度变化、有损压缩等常规数字图像处理操作）时，数字水印仍能保持部分完整性并能被准确鉴别。例如图像数字水印，嵌入数字水印的图像在经过另存、拉伸、扭曲、压缩等操作后依然能够提取数字水印。

（3）安全性：数字水印的信息应是安全的，难以篡改或伪造的；同时，应当有较低的误检测率，必须能够唯一地标识原图像的相关信息。当原始数据发生变化时，数字水印应当也发生变化，从而可以检测原始数据的变更。

（4）嵌入容量：是指载体在不发生形变的前提下可嵌入的数字水印信息量。嵌入的数字水印信息必须足以表示载体内容的创建者或所有者的标志信息、购买者的序列号，这样有利于解决版权纠纷，保护数字产权合法拥有者的利益。尤其是隐蔽通信领域的特殊性，对数字水印的容量需求很大。

9.3.4　数字水印的分类

按照不同的分类标准，数字水印的分类不同。这里简单介绍常见的分类。

（1）按数字水印的透明性或可感知性不同，数字水印分为可见数字水印和不可见数字水印两种。可见数字水印就是人眼能看见的数字水印，如照片上标记的拍照日期或者电视频道上的标识等。不可见数字水印就是人类视觉系统难以感知的数字水印，也是当前数字水印领域重点关注的。本书中所讨论的数字水印技术，均为不可见数字水印方案。

（2）根据嵌入的数字水印是否能够经受攻击，数字水印分为鲁棒数字水印和易损数字水印（或脆弱数字水印）。鲁棒数字水印主要用在数字作品中标识著作权信息，如作者、作品序列号等，要求嵌入的数字水印能够经受各种常用的数字图像处理操作。脆弱数字水印主要用于内容的完整性保护，与鲁棒数字水印的要求相反，脆弱数字水印必须对信号的改动很敏感，所以根据脆弱数字水印的状态就可以判断资料是否被篡改过。

（3）根据数字水印的载体形式不同，数字水印分为文本数字水印、图像数字水印、视频数字水印、音频数字水印、软件数字水印。随着科技的发展，会有更多种类的数字媒体出现，也会产生相应的数字水印方案。

（4）根据数字水印的嵌入位置不同，数字水印分为空间域/时域数字水印和变换域数字水印。空间域/时域数字水印是直接在数据上叠加数字水印信息，直接改变采样点的相关值。变换域数字水印是在离散余弦变换域、小波变换域或其他时域/频域变换域上隐藏数字水印，也是目前普遍采用的数字水印方案。

（5）根据数字水印检测是否需要原始数据，数字水印分为盲数字水印和非盲数字水印。若在检测中无须参考未加数字水印的原图像，则称为盲数字水印，盲数字水印的鲁棒性比较强。反之，若在检测数字水印时，需要参考未加数字水印的原图像，则称为非盲数字水印。目前学术界研究的大多数是盲数字水印方案。

9.3.5　数字水印的评价标准

衡量数字水印系统最重要的三个指标是容量、保真度、鲁棒性。下面将以数字图像的数字水印为例，分别对这三个指标进行介绍。

1．容量评价

数字水印容量指的是数字水印所携带的信息量，通常也称为数字水印的有效载荷。对于图像数字水印而言，容量是指在载体图像中可以隐藏的最大信息量。数字水印容量取决于载体图像的统计特性、失真限度，以及数字水印嵌入者、提取者是否可以得到和充分利用载体图像、原始数字水印等。

2．保真度评价

保真度评价主要体现在嵌入数字水印后的载密图像与原图像的对比评价，通常借由一些特定的指标进行，如峰值信噪比和结构相似度（本书第 2 章图像质量评价中已经介绍）。

数字水印系统中，峰值信噪比是最普遍、最广泛使用的评鉴画质的客观测量法，单位为dB。载密图像与原图像的逐像素差异越大，均方误差越大，峰值信噪比越小；反之，峰值信噪比越大，代表图像间的差异越小，即失真越小。

峰值信噪比没有与人类视觉感知特性相结合，有可能出现峰值信噪比较高的图像看起来反而比峰值信噪比较低的图像视觉质量差。这是因为人眼对误差的敏感度不是绝对的，其感知结果受许多因素的影响。例如，人眼对亮度差异的敏感度比色度差异的敏感度高，人眼对一个区域的感知结果受其周围区域事物或色彩的影响。

3．鲁棒性评价

数字水印的鲁棒性评价主要是看从载密图像提取出的数字水印与原始数字水印的相似程度，使用归一化相关（Normalized Correlation，NC）系数来表示，其相似程度越高，说明其鲁棒性越强。当前常用的数字水印相似度公式为

$$\text{NC} = \frac{\sum_{m,n} W \times \hat{W}}{\sum_{m,n} W \times W} \ \text{或} \ \text{NC} = \frac{\sum_{m,n} W \times \hat{W}}{\sum_{m,n} \sqrt{W \times W} \times \sqrt{\hat{W} \times \hat{W}}} \tag{9-1}$$

式中，W、$\hat{W}$ 分别表示原始数字水印数据和提取出来的数字水印数据，m,n 分别表示水印图像的尺寸，NC 表示两幅图像的相似度。

从式（9-1）中可以看出，相似度的取值范围为[0, 1]，一般来说，相似度的值越接近 1，两幅图像越相似。若从含数字水印图像中提取出的数字水印与原始数字水印图像的相似度大于 0.7，则可认为提取出了与原始数字水印相似的数字水印信息。

9.4　典型的数字水印方案

根据数字水印技术的作用域不同，数字水印的实现方案一般分为两类：基于空间（时）域的数字水印算法和基于变换域的数字水印算法。

基于空间域的数字水印算法是将数字水印直接隐藏在空间域信号中，即直接更改图像的像素值来实现数字水印的嵌入，典型的算法有：最低有效位（Least Significant Bit，LSB）算法、Patchwork 算法、纹理块映射编码算法等。这类数字水印算法实现相对简单，可以隐藏较多的信息，但隐藏的信息很容易被破坏，无法满足数字水印鲁棒性的要求。

基于变换域的数字水印算法是将数字水印隐藏在原始载体某种变换域的变换系数中，即通过更改某种变换的系数来实现数字水印的嵌入，常用变换有：离散傅里叶变换、离散余弦变换、离散小波变换和奇异值分解（SVD）等。与空间域数字水印算法相比，这类算法在载体的重要部分嵌入秘密信息的同时，不会引起载体质量的明显下降，具有很强的鲁棒性。

本节内容将以数字图像为载体，围绕典型的空间域和变换域数字水印算法实现版权保护这一场景，介绍数字水印方案的实际应用。

9.4.1　空间域数字水印算法

本节将介绍空间域数字水印算法中的典型算法——最低有效位数字水印算法。

最低有效位数字水印算法是一种常被用作图像隐写的算法，属于空间域数字水印算法，是将数字水印信息嵌入图像二进制数表示像素值的最低位，保证嵌入的信息不可见。

1．最低有效位

在介绍最低有效位水印算法前，需要知道什么是最低有效位。

（1）位平面。

将原始载体图像的空间域十进制像素值 value 转换为二进制像素值表示，即

$$value = a_7 \times 2^7 + a_6 \times 2^6 + a_5 \times 2^5 + a_4 \times 2^4 + a_3 \times 2^3 + a_2 \times 2^2 + a_1 \times 2^1 + a_0 \times 2^0 \quad (9\text{-}2)$$

以当前图像的像素值 107 为例，其二进制表示为

$$107 = 0 \times 2^7 + 1 \times 2^6 + 1 \times 2^5 + 0 \times 2^4 + 1 \times 2^3 + 0 \times 2^2 + 1 \times 2^1 + 1 \times 2^0 \quad (9\text{-}3)$$

则，十进制数 107 的二进制表示为 01101011。

图像中的全部像素值 a_i 构成一个位平面（Bitplane），称为第 i 个位平面（第 i 层），$i = 0, 1, 2, \cdots, 7$。一幅图像就可以分解形成 8 幅图像，即 8 个位平面。

a_0 为最低有效位的值，或称为最不重要位的值，所有像素的 a_0 组成的位平面为第 0 个位平面。

（2）各位平面的作用。

位平面越高，即 i 越大，相应位平面对图像像素值的影响和贡献越大；反之，i 越小，对

图像像素值的影响和贡献越小。最低有效位数字水印算法使用图像最不重要的像素位，修改之后对图像的影响最小，也最不容易被察觉，有效保证了数字水印嵌入的不可见性。

2. 数字水印嵌入算法

以 3 像素×3 像素的图像子块为例，介绍数字水印的嵌入与提取过程。

（1）载体图像的二进制表示。

将图像的十进制像素值转换为二进制表示，如图 9.5 所示。

图 9.5 十进制像素值转换为二进制表示形式

（2）数字水印嵌入过程。

若当前图像子块待嵌入的数字水印信息 W 为

$$W = \begin{bmatrix} 1 & 0 & 1 \\ 0 & 1 & 1 \\ 1 & 0 & 0 \end{bmatrix}$$

用数字水印信息 W 的每一位信息修改载体图像的最低有效位的值完成数字水印嵌入，这里的秘密信息指的是二值比特序列。修改当前图像子块的最低位信息，如图 9.6 所示。

图 9.6 修改最低有效位实现数字水印的嵌入

（3）获得载密图像。

将修改后的二进制表示转换为十进制表示，从而获得含秘密数字水印信息的载密图像，如图 9.7 所示。

图 9.7 获得含数字水印的图像

3. 数字水印提取算法

数字水印的提取过程就是数字水印嵌入过程的逆过程，具体流程如下。

（1）将含数字水印图像的十进制像素值转换为二进制表示，如图 9.8 所示。

含数字水印的像素值（十进制数）

35	100	55
66	53	55
63	20	254

转换为二进制表示

含数字水印信息的二进制表示

00100011 01100100 00110111

01000010 00110101 00110111

00111111 00010100 11111110

图 9.8　十进制像素值转换为二进制表示形式

（2）提取含数字水印像素值的最低位，排列组合后形成提取的数字水印信息，如图 9.9 所示。

含数字水印像素值的二进制表示

00100011 01100100 00110111

01000010 00110101 00110111

00111111 00010100 11111110

提取最低位信息

提取的数字水印信息

1	0	1
0	1	1
1	0	0

图 9.9　根据最低有效位信息提取数字水印

4．基于 Python 软件的最低有效位数字水印算法实现

（1）图像位平面显示。

使用百合灰度图像为测试图像，Python 程序如下。

```python
import numpy as np
import cv2 as cv
import matplotlib.pyplot as plt
#灰度图像位平面提取
img = cv.imread(r"baihe.bmp")
r,c = img.shape
mask = np.zeros((r, c, 8), 'uint8' )
plt.subplot(3, 3, 1)
plt.axis('off')
plt.title('Original Image')
plt.imshow(img,cmap='gray')
r=np.zeros((r,c,8), dtype=np.uint8)
for i in range(8):
  mask[:,:,i]=2**i
for i in range(8):
#对图像中的每个像素值进行二进制"与"运算
  bp[:,:,i]=cv.bitwise_and(img,mask[:,:,i])
  x=bp[:,:,i]>0
  r[x]=255   #将非零处设置为255
  plt.subplot(3, 3, i+2)
  plt.axis('off')
  plt.title('No.'+str(i)+' Bitplane')
```

```
plt.imshow(r[:,:,i],cmap='gray')
```

```
plt.show()
```

灰度图像位平面显示如图 9.10 所示。

Original Image

No.0 Bitplane

No.1 Bitplane

No.2 Bitplane

No.3 Bitplane

No.4 Bitplane

No.5 Bitplane

No.6 Bitplane

No.7 Bitplane

图 9.10　灰度图像位平面显示

从灰度图像位平面显示结果可看出，第 0 个位平面为最低有效位信息组成，位平面越低，越接近于随机噪声，对图像灰度值的贡献越小；反之，位平面越高，代表的图像重要信息越多，对图像灰度值的贡献越大。

（2）最低有效位数字水印算法。

本次实验的载体图像为一幅 256 像素×256 像素大小的百合灰度图像，数字水印为同等大小的"齐鲁工大"字样的二值图像。将数字水印信息嵌入载体图像的最低有效位，主要是改变嵌入位置的 a_0，即

$$w[i,j]=0 \overset{嵌入后}{\Rightarrow} a_0=0$$
$$w[i,j]=1 \overset{嵌入后}{\Rightarrow} a_0=1$$

（9-4）

式中，$w[i,j]$ 表示数字水印 $[i,j]$ 位置处的数字水印信息。实际上，容易看出，当数字水印嵌入最低有效位平面时，a_0 的取值可以通过对载体图像像素值除以 2 取余数得到。

（3）基于 Python 程序实现。

```
import numpy as np
import cv2 as cv
import matplotlib.pyplot as plt
import numpy as np


#图像显示
```

```python
img_0 = cv.imread(r"baihe.bmp")
img=cv.cvtColor( img_0, cv.COLOR_BGR2GRAY )
wm_0 = cv.imread(r"qlu.bmp")
wm =cv.cvtColor(wm_0, cv.COLOR_BGR2GRAY )
r,c = img.shape[0],img.shape[1]
img_wm = np.zeros((r, c), 'uint8' )

plt.subplot(2, 2, 1)
plt.axis('off')
plt.title('Original Image')
plt.imshow(img,cmap='gray')

plt.subplot(2, 2, 2)
plt.axis('off')
plt.title('Watermark Image')
plt.imshow(wm,cmap='gray')

for i in range(a):
    for j in range(b):
        img_wm[i][j] = img[i][j]

#嵌入数字水印
for i in range(r):
    for j in range(c):
        w = wm[i][j]
        #当前嵌入位置的数字水印信息为 0，修改当前图像像素值，%2 表示除以 2 取余数
        if w==0 and img_wm[i][j]%2==1:
            img_wm[i][j]=img_wm[i][j]-(img_wm[i][j]%2)
        #当前嵌入位置的数字水印信息为 1，修改当前图像像素值
        elif w==255 and img_wm[i][j]%2==0:
            img_wm[i][j]=img_wm[i][j]+1

plt.subplot(2, 2, 3)
plt.axis('off')
plt.title('Embedded Image')
plt.imshow(img_wm,cmap='gray')

#提取数字水印
wm_e = np.zeros((r, c), 'uint8' )
for i in range(a):
```

```
    for j in range(b):
        x=img_wm[i][j]%2
        if x==0:
          wm_e[i][j]=0
        else :
          wm_e[i][j]=1

x=wm_e[:,:]>0
wm_e[x]=255
plt.subplot(2, 2, 4)
plt.axis('off')
plt.title('Extracted Watermark')
plt.imshow(wm_e,cmap='gray')

plt.show()
```

结果显示如图 9.11 所示。

Original Image　　　　　　　Watermark Image

（a）载体图像　　　　　　　（b）数字水印

Embedded Image　　　　　Extracted Watermark

（c）含数字水印的图像　　　　（d）提取数字水印

图 9.11　基于最低有效位数字水印算法嵌入数字水印

（4）载密图像质量评价。

根据图像峰值信噪比的定义，计算嵌入数字水印后的载密图像与原图像的差异。计算峰值信噪比的 Python 程序如下。

```
def psnr (imag1, imag2):
    mse= np.mean( (imag1 - imag2)**2 )
    if mse < 1.0e-10:
      return 100
```

```
psnr_value = 10*(np.log10(255**2/mse))
return psnr_value
```

计算结果显示，本实验峰值信噪比为 51，人眼观测无明显差异，本算法具有良好的透明性。

（5）提取数字水印归一化相关系数。

根据图像归一化相关系数计算方法，计算提取数字水印和原始数字水印的相似度，计算相似度的 Python 程序如下。

```
def nc(imag1,imag2):
 nc=np.sum(imag1*imag2)/np.sum(np.square(imag1**2) * np.square(imag2**2))
 return nc
```

计算结果显示，本实验的相似度为 1.0，这是由于实验过程中对含数字水印的图像未经过任何变化和攻击，提取数字水印和原始数字水印完全一致。

9.4.2　变换域数字水印算法

与空间域数字水印算法相比，变换域数字水印算法的鲁棒性更强，并且与常用的图像压缩标准兼容，从数字水印的早期发展开始就得到了广泛的关注，也是使用最广泛的方法。

本节将介绍变换域数字水印算法中的典型算法——离散余弦变换域数字水印算法。

大部分的离散余弦域数字水印算法，其数字水印的嵌入框架同 JPEG 架构一致，基本都采用 8 像素×8 像素大小的图像子块进行离散余弦变换。显然，这种做法的最大优点是可以与国际压缩标准（JPEG、MPEG、H.261、H.263 等）兼容，数字水印的嵌入和提取可以直接在数据的压缩域中进行。

1．图像的离散余弦变换

（1）离散余弦系数特点。

对于一幅图像而言，经过离散余弦变换后，图像的大部分能量集中在直流系数和低频交流系数中，它们组成图像的概略信息；大量的中频系数、高频系数较小或接近于 0，只包含图像细微的细节变化信息，人眼对该部分失真不太敏感，甚至将它们去掉也不会明显影响重构图像的质量。离散余弦变换系数的这个特点正是图像可以进行 JPEG 压缩的前提条件。

（2）数字水印嵌入位置选择。

从图像数字水印的不可见性方面考虑，人眼对于图像的细节信息失真变化不敏感，该部分主要体现在离散余弦变换系数的高频系数中，应尽量将数字水印嵌入在高频系数中。另一方面，从数字水印的鲁棒性方面考虑，高频系数数值较小，量化后容易丢失，数字水印应考虑避开该部分系数，选择离散余弦变换的低频系数嵌入数字水印。但不能大幅度改变低频系数，容易影响重构图像的质量，造成块效应，无法保障数字水印的不可见性。综合以上因素，一般选择中频系数或中低频系数位置为数字水印的嵌入位置。

2．离散余弦变换域常见数字水印嵌入算法

离散余弦变换域数字水印嵌入过程为载体图像分块、离散余弦变换、离散余弦变换系数改变、离散余弦逆变换等阶段。

（1）将载体图像分割为互不重叠、依次连接的 8 像素×8 像素的图像块。

（2）根据数字水印的长度，确定待嵌入数字水印的图像子块，并对其进行离散余弦变换，

得到待嵌入数字水印的图像子块离散余弦变换域系数矩阵。

（3）选择图像子块内的嵌入位置，根据数字水印嵌入算法对选定的离散余弦变换域系数进行修改，并与未改变的离散余弦变换系数一起组成嵌入数字水印后的离散余弦变换域系数矩阵。修改系数的方法一般有两种，即加性嵌入和乘性嵌入，其公式分别为

$$DCT' = DCT + a \times w_i \tag{9-5}$$

$$DCT' = DCT(1 + a \times w_i) \tag{9-6}$$

式中，DCT 为修改前的离散余弦变换系数；DCT' 为修改后的对应系数；w_i 为当前图像块 i 嵌入的数字水印信息；a 为水印嵌入强度，决定了频域系数被修改的幅度。可以看出，加性嵌入对于离散余弦变换系数的修改幅度是绝对量，没有考虑到系数本身的视觉容量，因此乘性嵌入的使用更加广泛。但这两种嵌入方法都不是盲数字水印算法，在提取数字水印时均需要参考原图像。

（4）对嵌入数字水印后的离散余弦变换域系数矩阵进行离散余弦逆变换，得到嵌入数字水印后的 8 像素×8 像素图像子块，替代对应的原始图像子块，形成含数字水印的图像。

3．离散余弦变换域常见数字水印提取算法

离散余弦变换域的数字水印提取大致经历了图像分块、离散余弦变换、离散余弦变换系数对比等过程。

（1）将待检测图像分割为互不重叠、依次连接的 8 像素×8 像素的图像子块。

（2）根据数字水印长度，确定含数字水印的图像子块，并对其进行离散余弦变换，得到含数字水印的图像子块离散余弦变换系数矩阵。

（3）比较含数字水印图像子块的离散余弦变换系数矩阵的约定位置处离散余弦变换系数，根据其相对大小，得到嵌入的信息比特串，从而提取出数字水印信息。针对加性嵌入和乘性嵌入，其提取数字水印信息公式分别为

$$w_i' = \frac{DCT'' - DCT}{\alpha} \tag{9-7}$$

$$w_i' = \frac{\dfrac{DCT''}{DCT} - 1}{\alpha} \tag{9-8}$$

式中，DCT 为原始载体图像中某位置的离散余弦变换系数；DCT'' 为待检测的对应位置的离散余弦变换系数，由于传输过程的失真或者遭受攻击，此处 DCT'' 不一定等于式（9-2）中的 DCT'；w' 为当前图像子块 i 提取的数字水印信息，同样 w_i' 也不一定与 w_i 相等。

4．基于 Python 软件的离散余弦变换域数字水印算法实现

（1）Koch 算法。

本节将介绍基于 8 像素×8 像素图像块离散余弦变换的早期典型算法——Koch 算法。其基本思想是在一个 8 像素×8 像素图像块中调整两个位置离散余弦变换系数的相对大小，使其离散余弦变换关系与当前图像子块嵌入的数字水印比特信息相对应，以达到嵌入数字水印的目的。

考虑离散余弦变换域水印算法一般选择中频或中低频位置嵌入，并且在基于 8 像素×8 像素离散余弦变换的量化表中，位置$(2, 5)$和$(3, 4)$的量化系数相等，因此，将其作为根据数字水印信息进行系数调整的位置。通过调整每个离散余弦变换块中位置$(2, 5)$和$(3, 4)$的值 D_1 和 D_2

的相对大小，实现数字水印嵌入，嵌入规则为

$$w[m,n]=0 \overset{\text{嵌入后}}{\Rightarrow} D_1 > D_2$$

$$w[m,n]=1 \overset{\text{嵌入后}}{\Rightarrow} D_1 < D_2$$

式中，$w[m,n]$ 表示数字水印 $[m,n]$ 位置处的二值水印信息。

（2）Python 软件中 Koch 算法的实现。

为了简化程序，本次实验采用的载体图像大小为 256 像素×256 像素的百合灰度图像，数字水印为 32 像素×32 像素的"齐鲁工大"字样的二值图像，则数字水印会完整嵌入载体图像中。下面给出具体的实现程序。

Python 程序如下。

```python
import cv2 as cv
import numpy as np
import matplotlib.pyplot as plt


def psnr (imag1, imag2):
    mse= np.mean( (imag1 - imag2)**2 )
    if mse < 1.0e-10:
        return 100
    psnr_value = 10*(np.log10(255**2/mse))
    return psnr_value


def nc(imag1,imag2):
    nc_value=np.sum(imag1*imag2)/np.sum(np.square(imag1**2) *
np.square(imag2**2))
    return nc_value




img_0 = cv.imread(r" baihe_256.bmp")
img=cv.cvtColor( img_0, cv.COLOR_BGR2GRAY )
h,w = img.shape[ :2]
wm_0 =  cv.imread(r"qlu32.bmp")
wm =cv.cvtColor(wm_0, cv.COLOR_BGR2GRAY )
mh,mw = wm.shape[ :2]
img_wm=np.zeros((h,w),'uint8')

#嵌入数字水印
alpha = 2  #系数调整的辅助值
for i in range(mh):
    for j in range(mw):
        block = img[i*8:(8*i+8),j*8:(j*8+8)]
```

```
        block= np.float32(block)
        #对图像子块进行离散余弦变换
        block_dct = cv.dct(block)
        block_dct_wm = block_dct.copy()
        #选择位置(2,5)和(3,4)的系数,系数从 0 开始,坐标均减 1
        if wm[i][j] == 0 and block_dct_wm[1][4] <= block_dct_wm[2][3]:
            block_dct_wm[1][4],block_dct_wm[2][3] = block_dct_wm[2][3],
                                            block_dct_wm[1][4]

            #将较小的系数调整为更小的系数,增大系数差
            block_dct_wm[2][3] -= alpha
        elif wm[i][j] == 255 and block_dct_wm[1][4] >= block_dct_wm[2][3]:
            block_dct_wm[1][4],block_dct_wm[2][3] = block_dct_wm[2][3],
                                            block_dct_wm[1][4]

            #增大系数差
            block_dct_wm[1][4] -= alpha
        #对图像子块进行离散余弦逆变换
        block_wm = cv.idct(block_dct_wm)
        #存储含数字水印信息的图像子块数据
        img_wm[i*8:(8*i+8),j*8:(j*8+8)] = block_wm

#计算峰值信噪比
psnr1= psnr(img,img_wm)
print(psnr1)

#数字水印提取
wm_e=np.zeros((mh,mw),'uint8')

for i in range(mh):
    for j in range(mw):
        block = img_wm[i*8:(8*i+8),j*8:(j*8+8)]
        block= np.float32(block)
        #对图像子块进行离散余弦变换
        block_dct = cv.dct(block)
        #选择位置(2,5)和(3,4)的系数,系数从 0 开始
        if block_dct[1][4] < block_dct[2][3]:
            wm_e[i][j] = 255

#计算归一化系数的相似度
nc1= nc(wm,wm_e)
print(nc1)
```

```
#结果展示
plt.subplot (221)
plt.imshow( cv.cvtColor(img,cv.COLOR_BGR2RGB))
plt.title('Original Image' )
plt.xticks([]),plt.yticks([]),
plt.subplot(222)
plt.imshow( cv.cvtColor( wm, cv.COLOR_BGR2RGB) )
plt.xticks([]),plt.yticks([]),
plt.title('Watermark Image' )
plt.subplot(223)
plt.imshow( cv.cvtColor( img_wm, cv.COLOR_BGR2RGB) )
plt.xticks([]),plt.yticks([]),
plt.title('Embedded Image' )
plt.subplot(224)
plt.imshow( cv.cvtColor( wm_e, cv.COLOR_BGR2RGB) )
plt.xticks([]),plt.yticks([]),
plt.title('Extracted Watermark')

plt.show( )
```

实验结果如图 9.12 所示。

Original Image

Watermark Image

Embedded Image

Extracted Watermark

图 9.12　Koch 算法的实验结果（为了清晰对比，将数字水印同等大小显示）

　　本实验嵌入数字水印信息后，峰值信噪比为 45，仔细观察可看到右下花瓣边缘部分出现少量块效应。提取的数字水印与原始数字水印信息相比，个别点出现差错，这是由离散余弦变换和离散余弦逆变换中的计算过程产生的，但两者的相似度仍然为 1.0，也可以看出鲁棒性评估方法的部分局限性。

Koch 算法的不足之处是容易导致块效应，尤其是在平坦区域和边缘区域。人眼对平坦区域的块效应和边缘区域因块效应而出现的锯齿比细节丰富的纹理块更敏感。因此出现了对 Koch 算法的众多优化和改进算法，目的是尽量减少块效应，减少数字水印嵌入对图像质量的影响。

9.5　本章小结

数字水印技术将数字水印通过信息安全技术手段和方案不可见地嵌入数字媒体，保护数字作品创作者和拥有者的版权。数字水印已逐渐成为多媒体版权保护和完整性认证的有效手段，是多媒体信息安全的重要组成部分。

本章主要通过数字水印技术介绍数字图像处理技术的一种实际应用。9.1 节介绍了数字作品的版权保护，9.2 节介绍了版权保护技术发展，9.3 节介绍了数字水印技术的相关内容，9.4 节介绍空间域和频域的数字水印经典方案，并基于 Python 程序实现。

2021 年底发布的《版权工作"十四五"规划》明确要求强化保护力度、拓展保护范围、突出保护重点、增强保护实效，不断提升版权保护水平，维护良好的版权秩序和环境。《"十四五"中国电影发展规划》中也提出，要严厉打击盗录盗播等违法违规行为。

作为我国电影行业唯一的国家级技术检测机构，中国电影科学技术研究所（电影技术质量检测所）于 2012 年率先采用数字水印技术开展针对院线电影盗录的技术检测、技术分析和追踪定位，率先提出了样本自动发现—样本获取—样本优化—数字水印提取—溯源查证—数据画像分析的"全流程溯源方法"，采用数字水印技术、大数据技术和智能技术，及时监测发现院线影片互联网侵权线索并将检测定位结果及时上报给有关部门。通过重点作品版权保护预警名单、利用数字水印技术盗版追踪等办法，能够及时、有效地遏制院线电影盗版行为，特别是对侵权盗录传播行为有强有力的威慑作用，为净化电影版权环境、打击电影盗版行为、增强社会公众电影版权保护意识做出了重要贡献。

习题

1. 试对数字作品进行分类，并浅谈你对数字作品的认识。
2. 基于数字水印系统模型，叙述数字水印技术的基本原理。
3. 描述一种数字水印算法的嵌入和提取过程，并分析该算法的特点。
4. 结合当前的技术发展，调研并总结数字水印在各领域中的主要作用。

第10章 指 纹 识 别

在信息化社会中，如何准确鉴别一个人的身份、保护个人信息安全，已成为一个必须解决的关键社会问题。

生物特征识别技术是一项新兴的安全技术，将信息技术与生物技术相结合，具有巨大的市场发展潜力。在目前的研究与应用领域中，已被广泛应用于身份认证的生物特征主要有指纹、手形、脸形、虹膜、视网膜、脉搏、耳郭等；行为特征有签字、声音、按键力度等。该类特征的唯一性和不易被复制等特性为身份鉴别提供了必要的前提，同时易于整合计算机系统和安全、监控、管理等系统，实现自动化管理。生物特征识别技术主要关系到计算机视觉、数字图像处理与模式识别、计算机图形学、可视化技术、计算机听觉、语音处理、多传感器技术等相关研究。

相对而言，目前指纹识别和人脸识别普及程度较高，广泛应用于我们的日常生活、工作，如手机解锁、上下班打卡、乘客安检、手机支付等方面。由于其广阔的应用前景、巨大的社会效益和经济效益，已引起各国的广泛关注和高度重视。

本章以指纹识别技术为例，介绍数字图像处理技术在生物特征识别中的应用。

10.1 指纹识别技术概述

10.1.1 古代指纹学发展

我国是指纹识别的发源地，也是指纹运用的起源地。早在 3000 多年前，《周礼》中记载"以质剂结信而止讼"，此处的"质剂"指的就是双方在买卖文书上按的手印，从而避免争讼。贾公彦在《周礼·地官·司市》中注疏"汉时下手书，即今画指券，与古质剂同也"，说明汉朝时的"下手书"和唐朝时的"画指券"作用相同。古代的借贷契约、买卖文凭、婚约休书、狱中供词和军队典籍等均需按手印。

德国学者罗伯特·海因德尔在《指纹鉴定》一书中指出："世界上第一个用指纹鉴定的著作者是中国唐朝的贾公彦，其作品大约写于公元 650 年（永徽元年），他是着重指出指纹是确认个人方法的第一人。"

到了宋朝，指纹的用途更加普遍，指纹识别技术得到进一步的发展。宋慈的《洗冤集录》就详细记载了用指纹识别技术破案的过程，《洗冤集录》是第一本法医学著作，已经成为法医的必读之书。南宋的《箕斗册》用于登记百姓的个人信息，也将每个人的指纹登记在册，在征兵、犯罪、逃逸等重大事件中都可通过拓印指纹来锁定目标人群。元朝的姚燧在《牧庵集》中记载了一则经典的"指纹识别"案例。明清时期，指纹断案、签订契约已经极为普遍。

10.1.2 近代指纹学发展

指纹作为身份认证起源于中国，发展于欧洲。19 世纪中叶，英国驻印殖民政府的威廉·赫谢尔通过对指纹的采集、观察和验证，在《手之纹线》一书中提出"指纹人各不同，至死不变"的观点。随后，英国人亨利发明了指纹分析法。从此，对指纹的分类、分析、存储、比对开始走向科学化和系统化。

20 世纪 70 年代，指纹的采集和比对主要借助于人工，效率低且容易出错。此后，随着计算机技术的发展，指纹识别进入半自动化管理阶段，常规做法是借助指纹分析仪对采集的指纹进行数字化预处理，为后期的比对处理做准备。

如今，随着计算机技术和数字图像处理技术的快速发展，指纹识别已进入全自动智能化处理阶段，在身份识别方面应用已非常广泛，如考勤仪、智能手机、智能锁、电子保险箱等。

未来，随着人工智能技术、芯片技术及传感器技术的发展，指纹识别技术在可穿戴设备中的应用、基于活体的指纹识别应用及结合其他生物特征的联合识别应用必将不断深入、蓬勃发展。

10.1.3　指纹概念及特性

指纹是指人手指第一节指腹上由凹凸的皮肤所形成的花纹。指印是指这个凹凸的花纹接触物件时留下的印痕，也称为手印。一方面，由人手指皮肤上的汗腺、皮脂腺会排出汗液、皮脂液，接触到物体表面时会自动留下痕迹；另一方面，手指也可以通过先接触其他物质（如印泥、墨水等），再接触物体而留下印迹。在司法机构范围内，通常认为指纹和指印的概念是通用的。

指纹识别之所以是目前研究最深入、应用最广泛、发展最成熟的生物特征识别技术，是因为指纹特征所具备的五个特性。

（1）普及性，人类每个个体都具备。

（2）唯一性，不同的人或者同一人的不同手指，指纹均不相同。

（3）永久性，人的指纹一生都不会发生变化。

（4）可采集性，通过一定的设备和技术手段能采集到。

（5）可接受性，被人们广泛接受，如智能手机、指纹锁、指纹考勤等。

10.1.4　指纹分类

根据指纹形成方式不同和形成环境差异，指纹可分为三类：明显指纹、成型指纹和潜伏指纹。

（1）明显指纹：目视可见的纹路，如图 10.1 所示。由手指沾油漆、血液、墨水、印泥等物品后转印而成的指纹，通常都印在指纹卡、文书、文件上从而成为基本资料。

图 10.1　明显指纹示意图

（2）成型指纹：手指在柔软物质，如蜡烛、黏土、橡皮泥上接触压印形成的指纹，如图 10.2 所示。

（3）潜伏指纹：潜伏指纹往往是手指先接触到油脂、汗液或尘埃后，再接触到干净的表面而留下的指纹，虽然肉眼目视难以看到这些指纹，但是经过特别方法，如粉末法、磁粉法等加以处理，即能显现出这些潜伏指纹，如图 10.3 所示。这类指纹是案发现场中最常见的指纹。

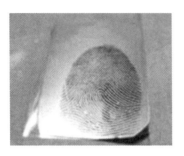

图 10.2　成型指纹示意图　　　　　图 10.3　显现的潜伏指纹示意图

10.2　指纹识别关键技术

指纹识别技术是利用人类指纹的唯一性，通过对指纹图案的采集、指纹特征信息提取、与库存样本比对的过程来实现身份识别的技术。自动指纹识别系统主要由指纹图像采集、指纹图像预处理、指纹特征提取和指纹比对四部分组成。指纹图像采集由指纹采集设备完成；指纹图像预处理可以把指纹图像变成一幅清晰的点线图，方便后续提取指纹的特征点；指纹特征提取是指纹识别中的重要问题，直接影响系统的识别精度和可靠性；指纹比对是将指纹图像与数据库中的指纹图像或特定指纹图像进行匹配比对，得出识别结论。

10.2.1　指纹图像采集

指纹采集是指从手指上直接或者间接获取计算机能够处理的数字指纹图像。指纹图像质量的好坏直接影响到自动指纹识别算法的设计难度和自动指纹识别系统的精度。因此，指纹图像采集在自动指纹识别系统中具有非常重要的地位。

指纹图像采集包括直接采集和间接采集两种方式。直接采集是指接触性采集，即通过指纹传感器与手指接触获得指纹图像。直接方式采集的图像特点是采集的指纹完整，特征点清晰，指纹大小精确。间接采集是指先通过一定的处理手段，使遗留在物体表面的指纹显现出来，再通过粘贴或拍照等方式将指纹采集下来。间接采集的指纹图像的特点是指纹往往不完整，指纹特征不清晰，后期处理难度较大等。

1．直接采集

指纹直接采集主要通过指纹传感器触摸方式进行采集。指纹传感器是实现指纹采集的关键器件，其制造技术是一项综合性强、技术复杂度高、制造工艺难的高新技术。指纹传感器按照指纹成像原理和技术，分为光学指纹传感器、半导体指纹传感器、超声波指纹传感器等。

（1）光学指纹传感器：主要是利用光的折射和反射原理采集指纹。将手指放在光学镜片上，内置光源的光从底部射向三棱镜，并经三棱镜射出，射出的光线在手指表面凹凸不平的纹路上折射的角度及反射回去的光线明暗就会不同。用三棱镜将其投射在互补金属氧化物半导体器件（CMOS）或 CCD 上，进而形成脊线（指纹图像中具有一定宽度和走向的纹线）呈黑色、谷线（纹线之间的凹陷部分）呈白色的数字化的、可被指纹设备算法处理的灰度图像。

（2）半导体指纹传感器：主要是利用电容、电场（或电感）、温度传感器、压力传感器的原理实现指纹图像的采集。半导体指纹传感器的原理都类似。在一块集成有成千上万个半导体器件的"平板"上，手指贴在"平板"上与其构成电容（电感），由于手指平面凸凹不平，造成凸点处和凹点处接触"平板"的实际距离、大小不同，形成的电容（电感）量自然也不同，指纹采集设备根据这一原理将采集到的不同数值汇总，完成指纹图像的采集。

（3）超声波指纹传感器：超声波是一种频率高于 20000Hz 的声波，具有穿透材料的能力。向某一方向发射超声波，超声波到达不同材质表面时，被吸收、穿透、反射的程度不同，可以产生不同的回波。利用这一原理就可以区分指纹脊线和谷线所在的位置。超声波扫描可以对指纹进行更深入的分析采样，甚至能渗透到皮肤表面之下识别出指纹独特的三维特征，有别于光学扫描等得到的二维指纹图像。

2．间接采集

指纹间接采集主要是采集遗留在物体表面的指纹，这些指纹主要是由人体分泌物和环境污染物混合而成的，人体分泌物主要是汗液和油脂，是残留指纹的主要成分。物体表面残留指纹提取的关键步骤是将指纹纹理显现出来，便于观察、固定和提取。常用的方法有磁粉法、"502"熏显法、光线照射法等。

10.2.2　指纹图像预处理

随着指纹采集技术的不断发展，指纹采集设备采集到的指纹图像质量越来越高，清晰度也越来越高。

尽管如此，对于采集到的指纹图像，通常具有背景复杂、噪声较多的特征，不易于直接进行指纹特征的提取，因此需要对采集到的指纹图像进行一系列的预处理。通过预处理可以有效减少低质量的指纹图像对指纹识别结果的影响，减少伪特征点，使提取的指纹特征更加准确，从而提高指纹识别精度、降低误识率。

针对指纹图像的预处理通常包括，指纹增强、二值化、指纹细化等。

1．指纹增强

指纹增强主要是使用特征增强技术使谷线的白色更白、脊线的黑色更黑、断线连接、指纹图像变光滑。依据指纹的方向性和纹理性，可以采用 Gabor 滤波器作为带通滤波器，去除噪声、增强脊谷结构。

采用二维加窗傅里叶变换来提取指纹图像各个局部的频谱信息，公式为

$$F(i,j,u,v) = \int_{-\infty}^{+\infty}\int_{-\infty}^{+\infty} f(x,y)W(x-i,y-j)e^{-j(ux+vy)}\mathrm{d}x\mathrm{d}y \tag{10-1}$$

式中，(i, j) 为图像子块的中心坐标，(x, y) 为空间域坐标，(u, v) 为频域坐标。由于需要从滤波结果中恢复空间域图像，因此对窗口函数 $W(x, y)$ 要求严格。取窗口尺寸 $W \times W$ 为 32 像素 × 32 像素，取图像子块尺寸 $B \times B$ 为 12 像素 × 12 像素。这样，相邻的窗口存在相互重叠的部分，为满足图像的傅里叶逆变换，采用上升余弦窗作为变换的窗口函数，定义为

$$W(x, y) = \begin{cases} 1 & (\Delta r_1 \leqslant 0) \\ \dfrac{1 + \cos\dfrac{\Delta r_1}{\Delta r_2} \cdot \dfrac{\pi}{2}}{2} & (\Delta r_1 > 0) \end{cases} \quad (10\text{-}2)$$

式中：

$$(x, y) \in \left[-\frac{W}{2}, \frac{W}{2} \right]$$

$$\Delta r_1 = \sqrt{x^2 + y^2} - \frac{B}{2}$$

$$\Delta r_2 = \sqrt{\left(\frac{W}{2}\right)^2 + \left(\frac{W}{2}\right)^2} - \frac{B}{2}$$

各图像子块的频谱信息是通过对该窗口进行移动分别取得的。令 $F(u, v)$ 和 $F'(u, v)$ 分别表示滤波前后的频谱，则滤波步骤表示为

$$F'(u, v) = G(u, v) \cdot F(u, v) \quad (10\text{-}3)$$

式中，$G(u, v)$ 为 Gabor 滤波器的直角坐标表示。滤波器的尺寸和频谱的尺寸一致。滤波后，对频谱进行傅里叶逆变换得到空间域图像数据，就能得到完整的增强指纹图像。

使用上述的 Gabor 滤波对指纹图像进行特征增强和特征修复，得到特征更为精确全面的指纹图像。经过 Gabor 滤波增强和特征点修复之后得到的处理效果如图 10.4 所示。

（a）原图像　　　　　　　（b）指纹增强后的图像

图 10.4　指纹增强图像对比

2．二值化

二值化是指纹图像预处理中必不可少的一步。根据本书第 3 章中已经介绍的图像灰度化和二值化处理方法，若采集到的图像不是灰度图像，需先把图像转换为 256 级灰度图像，再进行二值化处理。本章中使用指纹采集设备采集到的指纹图像已经是灰度图像，因此可以直接对其进行二值化处理，使图像中只存在 0、1 像素。通过二值化处理，不仅可以除去指纹图像中的部分噪声和背景，还可以使指纹纹线更加清晰、谷脊分明，二值化后的指纹图像如图 10.5 所示。

图 10.5　二值化后的指纹图像

3．指纹细化

指纹图像二值化后，纹线仍具有一定的宽度。实际上，指纹识别只对指纹纹线上的特征点感兴趣，无须考虑纹线的粗细。为了更好地提取指纹特征，需要对指纹图像进行指纹细化，从而进一步压缩数据，得到更精确的细节特征，提高识别的准确性。对指纹图像进行细化处理是指纹特征提取中的关键步骤。

指纹图像的细化是指删除指纹纹线的边缘像素，只保留原图的骨架，使之只有一个像素宽度，细化时应保证纹线的连接性、方向性和特征点不变，还应保持纹线的中心基本不变，细化后的指纹图像如图 10.6 所示。

图 10.6　细化后的指纹图像

10.2.3　指纹特征提取

1．指纹特征

指纹纹路并不是连续的、平滑笔直的，经常会出现纹路中断、分叉或转折。这些断点、分叉点和转折点被称为特征点。指纹细节特征有多种类型：终结点、分叉点、湖、独立脊线、点或岛、毛刺、桥等，指纹特征示意图如图 10.7 所示。

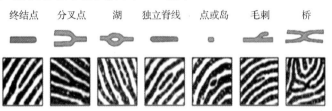

图 10.7　指纹特征示意图

在指纹识别中最常用的指纹特征有两类：终结点和分叉点。指纹纹线终结点是指纹纹线的起始点和结束点，分叉点是指纹纹线一分为二的位置。这两类特征也是指纹中出现概率最高、最稳定的特征，而且在指纹特征提取时，相对更容易描述和计算。对细化后的指纹进行指纹特征提取，主要是要检测指纹中指纹特征的类型（终结点或分叉点）、定位指纹特征的位置（坐标）、确定指纹特征的纹线方向等。带有特征的指纹图像如图 10.8 所示。

图 10.8　带有特征的指纹图像

指纹纹线的方向是指纹分类和指纹比对的前提和基础，沿着指纹纹线的方向进行图像平滑处理，可以连接指纹纹线中不合理的间断，沿着指纹纹线的方向进行图像增强可以突出指纹的特征信息，从而减少伪特征的出现。

2．指纹特征提取方法

指纹特征提取是指在经过预处理的指纹图像中寻找代表指纹唯一性指标的过程。特征提取是特征匹配的前提条件，提取到具有鉴别力、利于比较的特征将会降低后续指纹比对的难度。

基于模板匹配的指纹特征提取方法：先对指纹图像进行预处理，包括指纹增强、二值化、指纹细化，再使用一个 3×3 的模板来检测图像中细节点的位置和类型，3×3 检测模板如图 10.9 所示，其中 P 为目标点，$P_1, P_2, \cdots, P_8$ 为 P 的 8 个邻接点。通过统计分析 P 的 8 邻接点的特点来确定 P 的特征类型。

P_3	P_2	P_1
P_4	P	P_8
P_5	P_6	P_7

图 10.9　3×3 检测模板

定义 $T_{\mathrm{sum}} = \sum_{i=1}^{8} p_i$，$T_{\mathrm{sub}} = \sum_{i=1}^{8} |p_{i+1} - p_i|$，$T_{\mathrm{sum}}$ 为 P 点 8 邻域像素为 1 的个数，T_{sub} 为 P 点 8 邻域像素的灰度值从 1 变为 0 或者 0 变为 1 的次数。若 $T_{\mathrm{sum}} = 1$，则该图像目标点 P 为纹线终结点；若 $T_{\mathrm{sum}} = 3$，则目标点 P 为纹线分叉点；若 $T_{\mathrm{sub}} = 2$，则目标点 P 为纹线终结点；若 $T_{\mathrm{sub}} = 6$，则目标点 P 为纹线分叉点。

10.2.4　指纹比对

指纹比对指的是通过对两幅指纹图像的比较来确定它们是否同源的过程，其本质是建立输入指纹特征和模板指纹特征之间的对应关系。指纹比对的前提是与已经提取的指纹特征密切相关，需要重点考虑如何度量这些指纹特征的相似程度。

指纹比对包括两种模式：一种是一对一比对；另一种是一对多比对。一对一比对是指用一个指纹去和另一个指纹进行比对，判别这两个指纹是否是同一个指纹，常用于指纹的鉴定、指纹解锁等场景；一对多比对指的是用一个指纹去和指纹库中的多个指纹进行比对，判别指纹库中是否存在该指纹，常用于指纹考勤打卡等场景。

采集得到的两幅指纹图像如图 10.10 所示，经过特征提取后的带指纹特征的指纹图像如图 10.11 所示。进行特征比对时，需要设定一个比较阈值，当这两幅指纹的比较值大于比较阈值时，则可以判定为同一指纹。

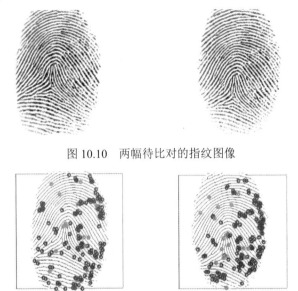

图 10.10 两幅待比对的指纹图像

图 10.11 提取指纹特征后的指纹图像

10.3 指纹识别算法 Python 程序实现

指纹识别算法流程包括读取指纹图像、指纹图像预处理（包括指纹增强、二值化、指纹细化）、指纹特征提取、指纹比对等过程，指纹识别流程图如图 10.12 所示。

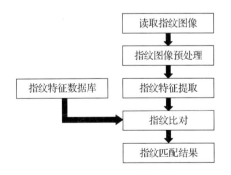

图 10.12 指纹识别流程图

基于 Python 程序实现指纹识别算法，具体程序如下。

```python
import cv2
import numpy as np
```

```
from matplotlib import pyplot as plt
from PIL import Image, ImageDraw, ImageFont


#指纹图像增强
def Contrast(img):
    alpha = 0.5   #第一张图片权重
    beta = 1-alpha   #第二张图片权重
    b = 0   #亮度
    img_2 = np.zeros(img.shape, img.dtype)   #第二张全黑图像（像素值全为 0）
    contrast = cv2.addWeighted(img, alpha, img_2, beta, b)   #加权融合，增加对比度
    return contrast


#二值化
def Binarization(img):
#通过设定阈值（100），将指纹图像二值化
    _, binary = cv2.threshold(img, 100, 255, cv2.THRESH_BINARY_INV)
    return binary


#指纹图像细化
def Erosion(img):
    kernal = np.ones((3, 3), np.uint8)
    erosion = cv2.erode(img, kernal, iterations=1)
    return erosion


#高亮处理，便于观察（用青色像素替换所有的白色像素）
def Highlighting(img):
    rgb_img = cv2.cvtColor(img, cv2.COLOR_BGR2RGB)
    img_cyan = np.array(rgb_img, copy=True)
    white_px = np.asarray([255, 255, 255])   #白色
    cyan_px = np.asarray([0, 255, 255])   #青色
    (row, col, _) = rgb_img.shape
    for r in range(row):
        for c in range(col):
            px = rgb_img[r][c]
            if all(px == white_px):
                img_cyan[r][c] = cyan_px
    return img_cyan
#展示特征点
def Featurepoints(img):
    #使用 ORB 检测器显示指纹中的特征点
```

```
    orb = cv2.ORB_create(nfeatures=1200)
    keypoints, descriptors = orb.detectAndCompute(img, None)
    featurepoint_img = cv2.drawKeypoints(img, keypoints, None,
                       color=(255, 20, 20))
    return featurepoint_img


#在图像中绘制中文文本
def ImgPutCText(img, text, left, top, textColor=(255, 0, 0), textSize=25):
    img = Image.fromarray(cv2.cvtColor(img, cv2.COLOR_BGR2RGB))
    draw = ImageDraw.Draw(img)
    #设置中文字体格式
    fontStyle = ImageFont.truetype("STSONG.TTF", textSize, encoding="utf-8")
    draw.text((left, top), text, textColor, font=fontStyle)    #绘制文本
    return cv2.cvtColor(np.asarray(img), cv2.COLOR_RGB2BGR)    #转回 cv2 格式


if __name__ == '__main__':

    new_fingerprint = "Fingerprints\\1_1.PNG"    #待匹配的指纹图像
    database_fingerprint = "Database\\1_1.PNG"    #数据库里保存的指纹图像
    new_img = cv2.imread(new_fingerprint)    #新指纹图像读取
    database_img = cv2.imread(database_fingerprint)    #数据库指纹图像读取


    #处理新指纹图像
    contrast_img = Contrast(new_img)    #指纹图像增强
    binary_img = Binarization(contrast_img)    #二值化
    thining_img = Erosion(binary_img)    #指纹图像细化
    hl_img_blue = Highlighting(thining_img)    #高亮，便于观察
    #指定被作为分析对象的指纹图像（可以是原图像、二值化或细化后的图像，此处为细化后的图像）
    analyzed_img1 = thining_img
    featurepoint_img = Featurepoints(hl_img_blue)    #展示特征点
    #仅对数据库指纹图像进行高亮处理，因为数据库指纹已经过图像增强、二值化和图像细化
    hl_img_blue2 = Highlighting(database_img)    #高亮处理
    analyzed_img2 = database_img    #指定被作为分析对象的指纹图像，此处默认为原图
    #绘制对新指纹做的所有转换。
    img_title = ["原始指纹", "对比度", "二值化", "细化", "高亮", "特征点"]
    images = [new_img, contrast_img, binary_img, thining_img,
             hl_img_blue, featurepoint_img]
    plt.rcParams['font.sans-serif'] = ['SimHei']    #解决中文乱码
    for i in range(6):
        plt.subplot(2, 3, i+1)    #依次作为两行三列的子图绘制
```

```
        plt.imshow(images[i], 'gray')  #显示图像
        plt.title(img_title[i])  #子图标题
        plt.xticks([])  #取消刻度显示
        plt.yticks([])
    #绘制窗口设置
    fig = plt.gcf()
    fig.set_size_inches(8.5, 6, forward=True)  #窗口尺寸
    fig.canvas.set_window_title(' Fingerprint Identification System')
    plt.show()  #展示


    #使用 ORB 检测器进行特征点检测
    orb = cv2.ORB_create(nfeatures=150)
    #确定图像 1 的所有特征点
    keypoints_img1, des1 = orb.detectAndCompute(analyzed_img1, None)
    #确定图像 2 的所有特征点
    keypoints_img2, des2 = orb.detectAndCompute(analyzed_img2, None)


    #蛮力匹配，函数 cv2.BFMatcher()创建 BFMatcher 对象
    bfm = cv2.BFMatcher(cv2.NORM_HAMMING, crossCheck=True)
    #将图像 1 与其自身进行匹配，找出有多少个特征点用于图像比对
    match_self = bfm.match(des1, des1)
    #将图像 1 和图像 2 进行匹配，找出两幅图像之间有多少相关的特征点
    match_diff = bfm.match(des1, des2)
    #匹配率是由图像 1 和图像 2 的匹配数除以图像 1 和自身（完美匹配）的匹配数得来的
    match_rate = round((len(match_diff)/len(match_self))*100, 2)


    #绘制匹配
    show_new_img = new_img  #指定最终展示的新指纹图像
    show_database_img = database_img  #指定最终展示的数据库指纹图像
    #若要指定展示高亮后的指纹图像，需将 RGB 顺序转回 BGR 顺序
    draw_match = cv2.drawMatches(show_new_img, keypoints_img1,
                show_database_img, keypoints_img2,match_diff, None)


    #绘制匹配率
    #获取匹配结果图像的大小
    match_height, match_width, match_channels = new_img.shape
    repeat_draw = 150  #用于重绘已绘制的文本，该值越低，文本透明度越高
    for x in range(repeat_draw):
        draw_match = ImgPutCText(draw_match, "匹配率：" + str(match_rate) + "%",
                    int(match_width-85), int(match_height-75))
```

```
#绘制中文文本
#设定阈值为 40（该值一般根据需要或经验设定）
    if match_rate > 40:
        for x in range(repeat_draw):
            draw_match = ImgPutCText(draw_match, "指纹比对成功！",
                         int(match_width - 80), int(match_height - 40))
    else:
        for x in range(repeat_draw):
            draw_match = ImgPutCText(draw_match, "指纹比对失败！",
                         int(match_width - 80), int(match_height - 40))


#绘制最终匹配结果，若匹配率大于阈值，则匹配成功，否则失败。
cv2.imshow("Fingerprint Match:", cv2.resize(draw_match, (800, 600)))
cv2.waitKey(0)    #设置窗口持续时间
cv2.destroyAllWindows()    #删除窗口
```

指纹特征提取过程示意图与指纹比对结果示意图如图 10.13 和图 10.14 所示。

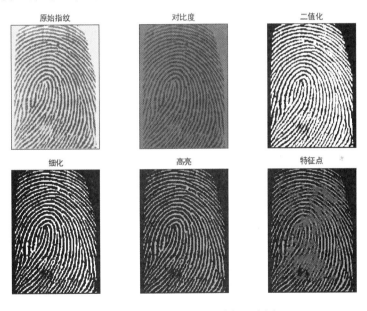

图 10.13　指纹特征提取过程示意图

图 10.14　指纹比对结果示意图

10.4 本章小结

指纹识别技术已经走入我们的日常生活，成为目前生物特征识别研究中最深入、应用最广泛、发展最成熟的技术。指纹识别技术把一个人的身份与其指纹对应，通过对其指纹和预先保存的指纹的比对，就可以验证他的身份。

本章主要介绍数字图像处理技术在指纹识别技术中的应用。10.1 节介绍了指纹识别技术概述；10.2 节介绍了指纹识别关键技术，包括指纹采集、指纹图像预处理、指纹特征提取和指纹比对；10.3 节介绍了指纹识别算法 Python 程序实现。

ISO 于 2022 年底正式发布了我国主导制定的全球首个移动终端生物特征识别技术领域的国际标准。此次发布的国际标准为 ISO/IEC 27553-1:2022《信息安全、网络安全与隐私保护 基于移动终端生物特征识别的身份认证安全与隐私要求 第一部分：本地模式》，最初由我国于 2017 年向 ISO 提出，于 2019 年正式获批立项并启动标准编制工作。ISO 是国际公认最权威的标准化组织，其发布的国际标准体现了全球超过 160 个国家的共识。这次标准的正式发布将提升中国生物特征识别身份认证产业的影响力，意味着中国生物识别技术安全性和实践经验获得了国际社会的认可，也印证了中国科技企业在这个领域参与全球技术创新中的领先性。

习题

1．分析指纹为什么可以作为身份识别的重要信息？

2．简述指纹图像预处理技术及意义。

3．本章中所介绍的指纹图像预处理过程是否缺一不可？如何确定最佳预处理步骤。

4．结合本章介绍的一对一指纹比对场景，思考一对多指纹比对场景下的实现流程。

5．拓展题：结合当前深度学习在图像识别领域的广泛应用，试研究通过深度学习技术实现指纹识别的方案。

第 11 章　病理图像处理

计算机网络等新一代信息技术的迅速发展，以及专业病理科医生数量的匮乏，使得计算机辅助病理图像诊断成为一个重要的发展方向。本章将介绍数字图像处理技术在病理图像处理中的应用。

11.1　病理诊断概述

随着临床检验技术和影像医学的发展，很多疾病在经过有关临床检查后就能做出临床诊断。然而，除功能、代谢紊乱为主的疾病外，对于大多数有明确器质性病变的疾病而言，无论目前的临床检查技术多么先进，病理诊断都是无法取代的、最可靠的、最终的诊断。

病理是疾病诊断（尤其是肿瘤相关疾病的诊断）的金标准，病理科医生是"医生的医生"，在癌症的诊疗过程中发挥着至关重要的作用。病理学科被认为是"医学之本"，与检验、影像并称为推动临床医学发展的三大支柱学科。

在医院门诊或体检时进行的各种影像学检查，如超声波、X 射线、计算机断层扫描（CT）、核磁共振等，当怀疑病人患有癌症时，唯一可以确诊的办法就是病理诊断。病理诊断的过程是从可疑病灶区域经空心针穿刺、切开切除等活检取出组织样本，经组织固定、脱水、包埋、切片、染色等一系列步骤，得到组织样本的病理切片，由病理科医生在高倍显微镜下通过观察组织细胞形态结构的改变来进行疾病的检查诊断。病理诊断比临床上根据病史、症状和体征等做出的分析性诊断及利用各种影像检查所做出的诊断更具有客观性和准确性，能明确肿瘤的性质、组织来源、范围等多个方面，为临床治疗提供重要的依据。

病理诊断的重要意义主要包括三方面：一是为临床诊断提供正确的病理诊断，尤其是肿瘤病理诊断；二是以足够的综合诊断，使临床医生能为患者采取最佳的治疗方案；三是提供患者预后评估信息。

11.1.1　病理诊断存在的社会背景

癌症是一类威胁人类健康甚至生命的疾病，尤其是近年来，全球癌症的发病率和死亡率都呈现出了逐年上升的趋势，癌症负担日益增加，癌症防治面临严峻的形势。

世界卫生组织国际癌症研究机构（IARC）发布的 2020 年全球新发癌症数据显示（见图 11.1），2020 年全球新发癌症约 1929 万例，平均每 5 人中就有 1 人会罹患癌症，乳腺癌首次超过肺癌成为全球最常见的新发癌症，其次分别是肺癌、结直肠癌、前列腺癌、胃癌、肝癌、宫颈癌、食管癌、甲状腺癌和膀胱癌。全球男性新发癌症病例约 1006 万，女性新发癌症病例约 923 万。2020 年全球因癌症死亡人数最多的仍然是肺癌，约占癌症总死亡人数的 18%，其次分别是结直肠癌、肝癌、胃癌、乳腺癌、食管癌、胰腺癌、前列腺癌、宫颈癌和白血病。这十种癌症导致的死亡，占到了癌症总死亡人数的 70% 以上。全球每 8 名男性中、每 11 名女性中就有 1 人将因癌症死亡，2020 年癌症五年生存人数仅为 5060 万。

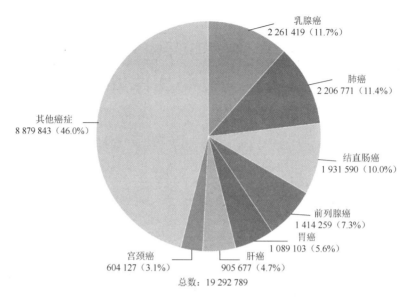

图 11.1　IARC 发布的 2020 年全球新发癌症类型统计数据

（图中百分比由于采用四舍五入法求得，相加不等于 100%。）

IARC 官网数据还显示，我国的癌症发病率、死亡率居全球第一，且远高于其他国家的平均水平。2020 年中国新发癌症约 457 万人，占全球新发癌症的 23.7%。全球因癌症死亡的 996 万人中，中国死亡 300 万人，占全球的 30.2%，如图 11.2 所示。中国新发癌症病例排名前五位的是肺癌、结直肠癌、胃癌、乳腺癌和肝癌。男性中最常见的是肺癌、胃癌、结直肠癌、肝癌和食管癌，女性中最常见的是乳腺癌、肺癌、结直肠癌、甲状腺癌和胃癌。同时该机构还预测，全世界新发癌症病例到 2040 年将达 2840 万，比 2020 年增加 47%，并在未来几十年全球癌症负担将持续上升。

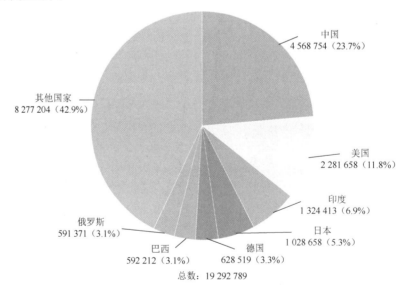

（a）IARC 发布的 2020 年各国新发癌症人数统计数据

图 11.2　IARC 发布的 2020 年各国新发癌症和死亡人数统计数据

（图中百分比由于采用四舍五入法求得，相加不等于 100%。）

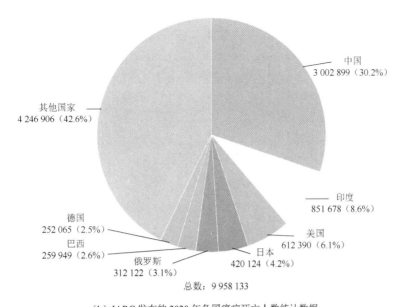

（b）IARC 发布的 2020 年各国癌症死亡人数统计数据

图 11.2　IARC 发布的 2020 年各国新发癌症和死亡人数统计数据（续）

（图中百分比由于采用四舍五入法求得，相加不等于 100%。）

　　尽管当下新兴的靶向治疗、免疫治疗、广谱治疗等治疗手段在提高患者生存率及生存质量方面取得了长足进展，但这些治疗方案的选择离不开精准的病理诊断。病理检查方法用于癌症诊断的显著优点是确诊率高、误诊率较低且价格不高，因此在临床上无论是什么样的肿瘤，都要进行病理检查。

11.1.2　我国病理诊断发展需求

　　病理诊断是指对活检或手术切除的人体组织样本进行分析，是目前任何检查手段都无法替代的终末诊断。21 世纪以来，病理诊断进入飞速发展期，由传统的判别肿瘤的良恶性质、明确病变分类及分级分期等向预测诊断、精准诊断转变。在精准医疗时代，病理诊断将发挥越来越重要的诊断作用，医生根据患者的病理诊断，个体化、精准化使用药物，从而提高疗效，保证治疗安全性的同时，降低不必要的医疗开支。

　　精准医疗给病理诊断提出新的要求和挑战，主要包括：定性诊断转变为更加精细的定量评分；单基因检测转变为更复杂的多基因检测；单维度的分析诊断转变为多维度的分析诊断；静态的一次性诊断转变为全过程长期的动态诊断和分析等。这些挑战使寻找新技术和工具势在必行，以计算机技术为基础的人工智能有望提供新的解决方案。

　　医疗与人工智能的紧密结合，会让精准病理诊断迈上新台阶。已有的研究表明，得益于病理切片数字化、远程数字病理诊断技术的普及和成熟，人工智能为精准病理诊断拓宽了思路，打破技术和病理医生能力的瓶颈。在许多已有的精准病理诊断研究成果上，人工智能已可以达到与病理医生水平相当的表现，甚至在有些领域可以超越病理医生现有的能力和认知。长期的研究数据和前瞻性验证促进病理人工智能迅速发展，出现了人工智能辅助病变组织的精准获取、人工智能辅助组织精准病理诊断、人工智能辅助组织学分级和定量评分等相关研究和解决方案。

　　我国病理科因为工作压力大、培养周期长、科室创收低等原因，一直面临病理人才资源匮乏的问题。所谓"千金易得，病理医生难求"，我国人口总数是 14 亿，按照每百张病床配备 1 人，病理医生应至少需要 12 万人，但我国实际注册的病理医生仅 2 万人左右。与美国人口总数为 3 亿而病理医生有 2.6 万人相比，中国的病理医生承担了世界上最大的病理工作量。一方面，病理医生的培养周期长，需要经过十年以上专业学习和培训，因此病理诊断的正确与否，与病理医生的工作经验有直接关系；另一方面，一张病理切片通常包含数百万个细胞，病理医生一天需要诊断大量病理切片，加班阅片已是常态，疲劳阅片现象时有发生。这一现实难题倒逼病理科应用人工智能、大数据等信息手段对病理数据进行收集和规范标本处理，尝试利用新技术辅助病理医生进行诊断。

11.2　病理图像处理技术发展现状

11.2.1　病理图像处理技术的由来

　　传统的病理学检查过程是先从病人体内通过外科手段从病灶取出病变组织，制作病理切片，再由病理医生用显微镜观察病理切片得出病理诊断报告。

　　制作病理切片的步骤包括：收取标本、固定、取材、记录、包埋、切片、摊片、染色、封片等（见图 11.3）。此时的病理切片信息被保存在玻片上，如图 11.4 所示，无法与计算机和网络连接，造成信息传递困难，无法实现信息共享，病理医生根据知识储备和临床经验诊断，存在一定的主观性，不能很好地定量诊断。

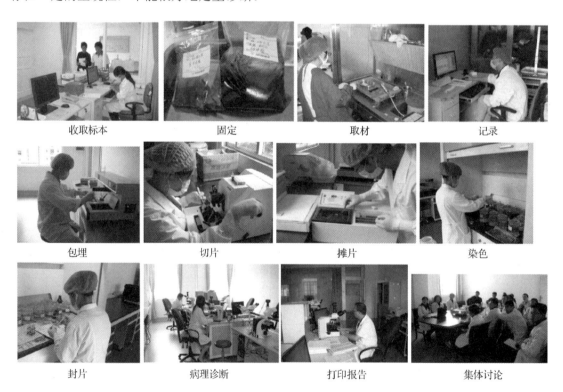

图 11.3　病理切片制作流程

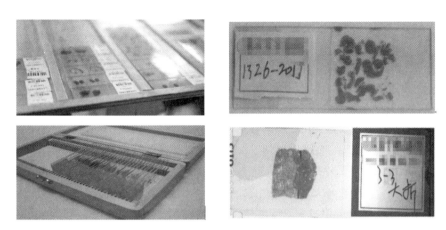

图 11.4　制作好的病理切片

随着计算机和网络技术的发展，必须将玻片上的病理切片保存为计算机可存储和处理的数字图像。全自动病理扫描一体机可以通过全自动控制显微镜的物镜切换、载物台的移动及自动对焦等技术，将传统的玻璃切片进行逐行列的块扫描和无缝拼接，生成数字病理切片图像，如图 11.5 所示。这些图像数据就是后续病理图像处理的操作对象。

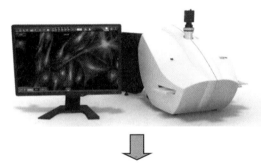

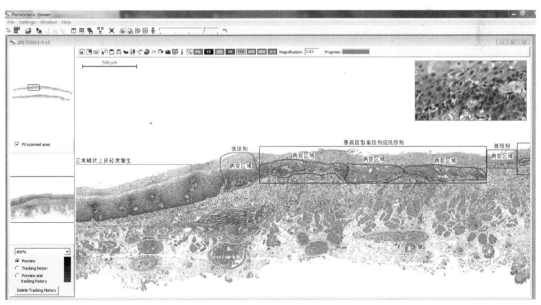

图 11.5　全自动病理扫描一体机生成的数字切片图像

11.2.2　病理图像处理技术发展历史

传统的医学计算机辅助检测依赖数字图像处理或计算机视觉技术，手动设计特征提取方法。相应地，在病理领域，需要医学病理专业人员来定义描述细胞的形态学特征、纹理特征等，利用提取的特征训练分类器来识别病变区域。研究者们大多利用方向梯度直方图、局部二值模式、SIFT（Scale-Invariant Feature Transform，尺度不变特征转换）、Haar 特征算法等常用的特征计算方法得到图像的特征，使用机器学习技术完成病变识别任务，也就是说，用计算机得到的图像特征作为支持向量机（Support Vector Machine，SVM）、Adaboost 等分类器的输入来训练分类器，训练完成后就可以用得到的模型来做预测。

1966 年，Ledley 首次提出计算机辅助诊断（Computer Aided Diagnosis，CAD），计量医学由此形成。1976 年，美国斯坦福大学的 Shortliffe 等人研制成功了用于鉴别细菌感染及治疗的医学专家系统——MYCIN，建立了一整套的专家系统开发理论。1982 年，美国匹兹堡大学的 Miller 等人研制了著名的 Internist-I 内科计算机辅助诊断系统。20 世纪 90 年代以来，随着医院信息化的普及，医院信息系统（Hospital Information System，HIS）、图像存储与传输系统（Picture Archiving and Communication System，PACS）的应用，病理图像、计算机断层扫描、3D 超声成像等医学图像技术逐渐广泛地应用于临床检查、诊断、治疗与决策。

在机器学习分支——人工神经网络技术引入之前，医学图像分析主要采用边缘检测、纹理特征、形态学滤波及模板匹配等方法来实现。这类分析方法通常是针对特定任务设计的特征提取方法，被称为手工定制式方法。与该类方法不同，人工神经网络以数据驱动方式分析任务，可直接从数据样本中隐式自动学习医学图像特征，其学习过程本质上是一个优化问题的求解过程。通过学习，模型从训练数据中选择正确的特征，使分类器在测试新数据时做出正确的决策。

11.2.3　基于深度学习的病理图像处理技术发展

21 世纪以来，云计算、大数据、人工智能、图形处理单元（Graphics Processing Unit，GPU）等技术的飞速发展，使得人工神经网络模型的网络层增多，从而可以进行训练，深度学习技术应运而生。深度学习是人工智能领域直接处理原始数据（如 RGB 图像）并自动学习表示的一种核心关键方法，其动机在于建立模拟人脑分析理解数据的很多层神经网络，通过足够的训练数据和足够深的网络架构，来学习实际应用场景中复杂的检测、分割、分类等高级图像理解功能。深度学习的实质是通过构建多隐层机器学习模型，利用海量的样本数据训练，学习提取更精准的特征，提高分类或预测的准确性。与人工提取特征相比，深度学习需要人工干预较少，并能够提供更好的性能。自 2006 年以来，深度学习不断取得重大进展，AlexNet、GoogLeNet、ResNet、CapsuleNet、Vit 等相继出现。深度学习在计算机视觉领域取得巨大成功，引发了国内外学者将其应用于医疗图像分析的浪潮。

2016 年国务院印发了《国务院办公厅关于促进和规范健康医疗大数据应用发展的指导意见》，明确指出"健康医疗大数据是国家重要的基础性战略资源"。推动了健康医疗大数据的融合共享、开放应用，为开发人工智能算法的数据基础提供了纲领性的规范化指导。2017 年，国务院印发《新一代人工智能发展规划》，提出"加快人工智能创新应用，为公众提供个性化、多元化、高品质服务"。与推广应用人工智能治疗新模式新手段，建立快速精准的智能医疗体系。探索智慧医院建设，开发人机协同的手术机器人、智能诊疗助手，研发柔性可穿戴、生物兼容的生理监测系统，研发人机协同临床智能诊疗方案，实现智能影像识别、病理分型和智能多学科会诊。

在科学研究方面，以深度学习技术为代表的人工智能技术在医学图像病理诊断方向的探索纷纷展开，并集中在乳腺癌、皮肤癌、肺癌、眼底视网膜、阿尔茨海默病诊断等方面。国际上，Google 采用优化的 GoogLeNet 进行乳腺癌病理图像淋巴结转移判断，在不限时的前提下识别准确率为 99%。斯坦福大学采用含 13 万张皮肤疾病图像集，基于深度学习在皮肤癌识别上达到可以与医生媲美的水平，成果于 2017 年 1 月发表在 *Nature* 上。纽约大学利用肺癌病理图像重新训练了深度学习算法 Inception V3，识别肺癌区域准确率达到 99%，区分肺腺癌和肺鳞状细胞癌准确率达到 97%，于 2018 年 9 月发表在 *Nature* 子刊上。在国内，各大医院和医疗公司、中国科学院等 20 多家高校及科研院所也纷纷展开研究工作，集中在乳腺癌、肺结节、眼底疾病等方面。2020 年 8 月，中国人民解放军总医院、中国医学科学院肿瘤医院、北京协和医院、透彻影像（北京）科技有限公司等单位联合开展的研究成果 "Clinically applicable histopathological diagnosis system for gastric cancer detection using deep learning" 在 *Nature* 子刊 *Nature Communications* 上发表，这是可应用于胃癌临床病理诊断的人工智能系统，并在中国人民解放军总医院超过 3000 张真实测试切片上达到了接近 100% 的灵敏度和 80.6% 的特异性，与此同时，通过中国医学科学院肿瘤医院与北京协和医院样本的多中心测试，研究人员证明了该系统的稳定性。

在行业应用方面，随着深度学习技术的不断发展，已从科学研究逐步转变为现实应用。人工智能技术在医疗行业的落地应用，呈现出技术与应用场景不断融合的新趋势，研究 "人工智能+医学影像" 的公司数量越来越多，涉及的疾病种类也越来越广泛，如糖尿病视网膜病变眼底图像、肺部影像、乳腺超声、骨折 X 射线图等方面都有很深入的研究。医疗人工智能已进入产业化应用初期，全球市场规模快速增长，技术门槛逐渐降低，围绕医疗人工智能的应用和创新也在不断涌现。

病理人工智能在定量诊断上具有优势，可以在一定程度上减少由于病理医生经验性误判导致的误诊情况，也可以避免病理医生因疲劳阅片而导致的误诊，可以提供客观性强的参考判断结果，提高病理诊断的工作效率与准确率。通过人工智能在医疗病理诊断领域的应用，可以缓解病理医生严重不足的现状，辅助医生进行病变检测、制定治疗方案，实现疾病的早期筛查。

11.3 病理图像处理案例的实现

本节介绍的病理图像处理案例涉及癌症病理图像采集、标注、预处理、深度学习模型训练、测试等处理流程及编程操作，涵盖 Python 语言、OpenCV、TensorFlow 系统、Keras 深度学习框架等技术的综合运用，实现食管癌早期病理图像等级的智能分类，可以帮助读者学习掌握数字图像处理技术在医学病理图像处理领域应用的基本流程，并进行入门级实践。

11.3.1 拟解决的实际医学问题

1. 食管癌基本情况

食管癌是起源于食管黏膜上皮的消化道恶性肿瘤，可以发生在食管的任何一个部位。

食管癌的发生是一个渐进的过程，从病理细胞学的角度来说，从正常细胞发展到肿瘤细胞，都要经历一个这样的过程，即正常—增生—非典型增生—原位癌—浸润癌。其中，非典型增生称为癌前病变，其上皮细胞形态和结构，与正常细胞相比，呈现一定程度的异型性。其中，Ⅰ级非典型增生是指异型性上皮细胞占上皮层的下 1/3 区，也称低级别上皮内瘤变；Ⅱ级非典型增生是指异型性上皮细胞占上皮层的下 2/3 区，也称高级别上皮内瘤变；Ⅲ级非典型增生是指异型性上皮细胞占上皮层全层，又称上皮内瘤变或称原位癌，进一步可发展为浸润癌。

低级别上皮内瘤变有治愈的可能，而高级别上皮内瘤变转化为侵袭性癌症的风险很高，为早期癌。通常，进入高级别上皮内瘤变阶段，为不可逆的进展过程。一项随访 13.5 年的队列研究提示，食管鳞状上皮轻、中度非典型增生癌变率分别为 25%和 50%左右，重度非典型增生癌变率约为 75%。

食管癌早期常缺乏明显症状，容易被忽视，导致发现时已是晚期。我国是世界上食管癌发病率、死亡率最高的国家之一。目前我国超过 90%的食管癌患者确诊时已进展至中晚期，预后较差，生活质量低，平均 5 年生存率大概在 14%左右，严重威胁着患者的身体健康和生命安全。而早期食管癌通常经内镜下微创治疗即可根治，具有创伤小、痛苦少、恢复快的优势，患者 5 年生存率可超过 95%。因此，对食管癌早期进展阶段的分类判别，是临床研究的重点之一，做到早诊断、早治疗，对提高患者生存率十分重要。

2. 病理图像处理案例简介

本案例中采用的切片图像是由项目合作医院病理科提供的 500 张食管癌早期的数字病理图像，病理科医生通过扫描仪自带软件在数字化全病理切片上将食管上皮组织内的癌变区域和正常区域分别圈注，并添加对应级别的标签，包括正常、低级别和高级别三类，如图 11.6 所示。

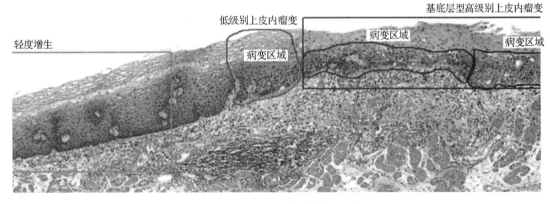

图 11.6　病理科医生原始标注示例

本案例的目标是对食管癌病理切片图像进行智能识别分类，即确定当前病理图像属于"正常""低级别上皮内瘤变""高级别上皮内瘤变"这三种类型中的哪一种。其具体实现流程包括图像预处理、卷积神经网络（Convolutional Neural Networks，CNN）训练和分类预测三个步骤。

11.3.2　病理切片图像的预处理

在数字扫描仪软件中，医生标注后的数字病理切片，不能直接作为输入数据提供给深度学习模型使用，必须经过图像预处理这一步骤。适当的预处理，既可以针对学习模型设置合适的输入图像属性（如长宽尺寸、放大倍数等），又可以增加数据量。

将医生标识的区域导出为 JPEG 文件格式的病理图片，作为本案例的原始数据。在导出时，不管医生所标识的区域是大是小，扫描仪软件自动将该区域图片保存为宽度为 640 像素、长度不固定的竖条状图片，并未统一为相同的放大倍数。因此，本案例设计的学习模型适用于不同放大倍数混杂的食管癌早期病理图像。

本节主要包括病理切片图像的预处理操作及 Python 软件中的预处理实现两部分内容。

1. 病理切片图像的预处理操作

针对基于深度学习的食管癌病理辅助诊断，本节的目的是将深度学习的训练数据进行预处理，包括新建文件夹、图像读入、图像裁剪、图像填充、图像保存五个步骤的操作，将图像切分为指定尺寸并保存到指定文件夹中。

限于展示篇幅，本实例选取原始数据为未裁剪的、文件名中体现类别的 10 幅病理图像，其宽度为 640 像素、长度不固定，如图 11.7 所示。由文件名可以看出，10 幅图像中包括 4 幅高级别图像、3 幅低级别图像和 3 幅正常图像。

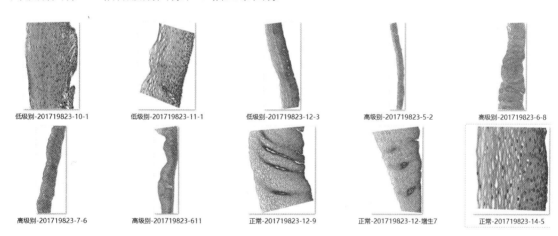

低级别-201719823-10-1　　低级别-201719823-11-1　　低级别-201719823-12-3　　高级别-201719823-5-2　　高级别-201719823-6-8

高级别-201719823-7-6　　高级别-201719823-611　　正常-201719823-12-9　　正常-201719823-12-增生7　　正常-201719823-14-5

图 11.7　原始病理切片图像

预处理的主要操作流程如下。

（1）读入文件夹中的图像，读取图像文件名，识别每个图像的级别，确定每个图像切分后的保存路径。

（2）将 10 幅原始病理图像按照固定尺寸和固定间隔切分成图像子块，对每一个图像子块进行如下操作，作为含分级标识信息的训练样本。

① 找到图像非空白区域的顶部像素和底部像素。

② 去除图像顶部和底部的空白。

③ 将图像填充为固定大小。

④ 将经过上述处理后的图像子块根据其级别分别保存在对应文件夹中。

2．Python 软件中的预处理实现

通过前面对于预处理操作的介绍，本节将实现基于 Python 软件的预处理操作。主要包括读取图像信息和图像切分两个步骤。

（1）读取指定文件夹下的图像信息。

该部分主要包括两部分：一是读取指定文件夹中的文件及子文件夹下内容的路径；二是读取指定路径中的图像并提取其分类标签信息。

通过命令 os.walk(imgpath)读取指定文件夹中的文件及子文件夹下内容的路径。

使用格式：os.walk(top[, topdown=True[,onerror=None[, followlinks=False]]])。

参数说明：

① top：根目录下的每一个文件夹（包含它自己）产生三元组（dirpath，dirnames，filenames）【文件夹路径，文件夹名字，文件名】。

② topdown：可选项，当 topdown 为 True 或不指定时，一个目录的三元组将比它的任何子文件夹的三元组先产生（目录自上而下）。当 topdown 为 False 时，一个目录的三元组将比它的任何子文件夹的三元组后产生（目录自下而上）。

③ onerror：可选项，是一个函数；它调用时有一个参数，一个 OSError 实例。报告错误后，继续运行，直至抛出 exception 终止运行。

④ followlinks：默认设置为 True，则通过软链接访问目录。遍历 top 给定的根目录下的所有文件夹，每个文件夹返回一个三元组（该文件夹路径，该文件夹下的子文件夹名字，该文件夹下的文件名称（不包含文件夹）。

运行程序：

```
def read_random_file(data_dir):
    namelist = []  #存放全部图片的带路径信息的文件名列表
    for root, sub_folder, file_list in os.walk(data_dir):
        for file_path in file_list:
            im_name = os.path.join(root, file_path)
            namelist.append(im_name)  #在列表末尾追加新的对象
    np.random.shuffle(namelist)   #为更好地进行样本训练，打乱图片顺序
    return namelist
```

通过命令 open(name)读取指定路径中的图像，从原图像名中提取其分类标签信息。

运行程序：

```
def get_data_label(namelist):
    labels = []
    for im_name in namelist:
        #数组 num_classes 中存放不同分类的标识字符串
        if num_classes[0] in name:
            labels.append('0')
        if num_classes[1] in name:
            labels.append('1')
        if num_classes[2] in name:
```

```
        labels.append('2')
    return labels  #返回与图像名列表对应的分类标签（分类标签用 0，1，2 表示）
```

运行结果：显示图像名列表及其对应的分类标签如图 11.8 所示。

```
\高级别-201719823-611.jpg 0
\低级别-201719823-10-1.jpg 1
\低级别-201719823-12-3.jpg 1
\正常-201719823-12-增生7.jpg 2
\正常-201719823-14-5.jpg 2
\高级别-201719823-6-8.jpg 0
\高级别-201719823-5-2.jpg 0
\高级别-201719823-7-6.jpg 0
\低级别-201719823-11-1.jpg 1
\正常-201719823-12-9.jpg 2
```

图 11.8　显示图像名列表及其对应的分类标签

（2）图像切分。

通过以上步骤，获取指定文件夹下原图像文件名列表及其对应的分类标签，现在需要对每一幅原图像做切分处理，主要包括图像读取、图像旋转、图像子块分割与处理、图像保存四个步骤。

① 图像读取。

在上述步骤中，已通过 for 循环获取到了每个图像的信息，图像切分是在同一个 for 循环中进行的。

调用函数 imread() 来读取图像。

运行程序：

```
import cv2 as cv
img0 = cv.imread('imgname')
```

② 图像旋转。

为便于观察，将图像顺时针旋转 90°，显示结果如图 11.9 所示。

运行程序：

```
Import numpy as np
img = np.rot90(img0, 3)
```

低级别-201719823-10-1

低级别-201719823-11-1

低级别-201719823-12-3

高级别-201719823-5-2

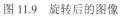

高级别-201719823-7-6

高级别-201719823-611

正常-201719823-12-9

正常-201719823-12-增生7

正常-201719823-14-5

高级别-201719823-6-8

图 11.9　旋转后的图像

③ 图像子块分割和处理。

Python 软件中以构造宽度为 300 像素、高度为 640 像素、间隔为 150 像素的图像为例，说明图像子块的分割和处理过程。该过程主要包括图像分割、图像子块空白区域剪切、归一化图像子块大小。

图像分割：图像经过旋转后，其纵向像素个数为 640，即高度为 640 像素；按照从左到右进行切分，每 150 个像素切分一次，即在水平方向上，依次取[1:300]、[151:450]、[301:600]等。注意，每个图像的宽度并不一定是 300 像素的整数倍，所以在切分过程中，要判断当前位置加 300 个像素后是否超出图像范围。

运行程序：

```
def cut_image(img,h,w):
    height, width, _ = img.shape #原图像的尺寸
    img_list = []
    #h、w 分别为分割后的图像子块尺寸
    for i in range(0,width,150):
        if i + w < width:
            #定义函数 adjust_image()实现图像子块的空白剪切和尺寸重置
            name_list.append(adjust_image(img[:,i:i+w,:],h,w))
    return img_list
```

在上述步骤中，使用自定义函数 adjust_image()对图像子块中的上下空白区域进行剪切和图像子块尺寸的统一设置。

图像子块空白区域剪切：从原图像中分割出来的图像子块，经常会出现上、下边缘的空白区域较多的情况，其灰度值较高，一般在 230 以上，因此本案例将灰度值低于 230 的点认为是图像子块的有效区域。通过扫描寻找图像子块中有效区域的最高点和最低点，即沿着图像子块的竖直方向，找出从上往下和从下往上的第一个像素灰度值低于 230 的点所在的行位置。分别从两个方向找出非空白区域的最高和最低位置后，提取中间的图像区域即为有效区域。图像子块的上下空白区域扫描定位示意图如图 11.10 所示。

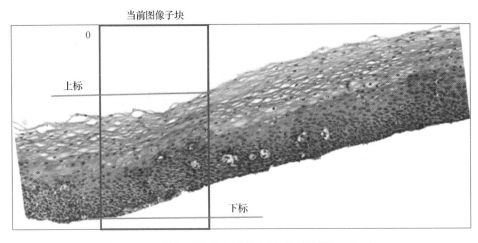

图 11.10　图像子块的上下空白区域扫描定位示意图

运行程序：

```
def adjust_image(cutimage,h,w):
    height,width,_ = cutimage.shape
    Up_flag=height
    Down_flag=0
    for i in range(0,width):
        for j in range(0,height):
            if int(np.mean(cutimage[j,i]))<230: #对各分量求平均值
                if Up_flag>j:
                    Up_flag = j
                if Down_flag<j:
                    Down_flag = j
    picture=cutimage[Up_flag:Down_flag,:,:]
```

归一化图像子块大小：将图像子块的上、下空白区域去除后，每个图像子块均是只包含有效信息的图像子块，其宽度为 300 像素，高度不固定。因深度学习模型的训练数据要求输入尺寸统一的图像，按照经验，将图像子块的尺寸统一为 515 像素×300 像素。

若经过空白区域剪切之后的图像子块的高度不足 515 像素，则在当前图像子块上方填充空白。

若经过空白区域剪切之后的图像子块到高度超过 515 像素，则需要进一步处理以归一化图像子块。根据病理图像的诊断规则，图像基底层侧（细胞较密集的一侧）区域的诊断重要性级别高，而对侧的重要性级别低。为此，本案例将只保留固定高度 515 像素之内的基底层侧重要信息，而将多余部分舍弃；当然，也可以考虑采用函数 resize()重新调整图像的大小。经过本步处理后的图像子块，尺寸统一为 515 像素×300 像素。

运行程序：

```
if Down_flag-Up_flag<h:
    final_image=fill_image(picture,h,w)  #图像填充
else:
    final_image=picture[0:h,:,:]    #只保留重要信息
    return final_image


def fill_image(cutimg,h,w):    #定义图像填充函数
    height,width,_ = cutimg.shape
    new_image = np.zeros((h,w,3),dtype=np.uint8) + 255
    new_image[h-int(height):h,0:w,:] = cutimg
    return new_image
```

④ 图像保存。

经过步骤①至步骤③的处理，将原图像切分并处理后得到多个符合规定的图像子块，将每个图像子块保存到对应位置，形成本案例所需的各分类训练样本集合。

运行程序：

```
def save_image(img_list,label,count):
    for index,image in enumerate(img_list):
        if label == '0':
            cv.imencode('.jpg',image)[1].tofile(os.path.join('dataset/High/',
                        'High'+str(count)) + '.jpg')
        elif label == '1':
            cv.imencode('.jpg',image)[1].tofile(os.path.join('dataset/Low/',
                        'Low'+str(count)) + '.jpg')
        elif label == '2':
            cv.imencode('.jpg',image)[1].tofile(os.path.join('dataset/Normal/'
                        ,'Normal'+str(count)) + '.jpg')
        count = count+1
    return count
```

运行程序，根据相应的分类标签在指定位置的文件夹下保存具有统一尺寸大小的图像，作为后续深度学习模型训练的样本。

11.3.3 基于深度学习的病理图像识别的模型训练

本案例基于 TersorFlow-Keras 环境实现病理图像识别的模型训练。

1. 卷积神经网络

卷积神经网络是一类包含卷积计算且具有深度结构的前馈神经网络（Feedforward Neural Networks），是深度学习的代表算法之一。

随着计算机设备的不断发展和深度学习理论的提出，卷积神经网络得到了快速发展，已经成为众多科学领域的研究热点之一。卷积神经网络可以避免对输入图像样本的复杂预处理及特征提取过程，被广泛应用于计算机视觉、自然语言处理等领域。

一个完整的卷积神经网络包括输入层、卷积层，池化（Pooling）层和全连接层。其中，卷积层在卷积操作时要经过激活函数的计算。卷积神经网络模型中涉及很多参数，根据输入图像尺寸、卷积核大小和个数、步幅等超参数的不同设置，模型的参数量会有所不同。这些模型参数会随着梯度下降被训练和优化，直至使得卷积神经网络计算出的分类评分和训练集中每个图像的标签吻合。感兴趣的读者可自行查阅相关资料进行深入学习，本节不做重点介绍。

2. 训练模型设计

图像预处理对输入的病理图像样本进行分割和归一化操作，并为每一个输入图像打上对应的标签，作为卷积神经网络模块的输入；卷积神经网络模块共包括 6 层卷积层和 2 层池化层，模块输出为一个特征向量；模块末端连接 softmax 分类器，得到该输入图像判别为各个类别的概率，并以最高概率对应的类别作为该图像的判别级别。

（1）卷积神经网络模块设计。

卷积神经网络模块用于初步提取图像的特征，包括数据输入层、卷积层、池化层。其中数据输入层负责将图像预处理模块输出的 515 像素×300 像素的图像分块。

本案例设计的卷积神经网络模块对每一个图像子块提取特征。卷积神经网络模块设计为线性模型，包括 6 层卷积层和 2 层池化层，每个卷积层对应的卷积核的大小和权值均不相同。6 层卷积层的卷积核全部设置为 3×3，激活函数均使用 ReLU，各层的步幅均设置为 1。2 层池化层均采用 max_pooling 方式，步幅均设置为 2。学习率和迭代次数分别设置为 0.0001 和 100 次。另外本案例还采用批量归一化和随机梯度下降法来优化网络模型，加快训练过程，并提高识别准确率。同时，为了克服数据较少等问题，在训练过程中也采用了早期停止（Early-Stopping）的方法，以避免过度拟合而导致识别精度降低。

（2）分类器模块设计。

本案例通过卷积神经网络模块得到输入病理图像数据的一个最终特征向量，经过分类器分类，得到该输入图像判别为各个类别的概率，并以最高概率对应的类别作为该图像的识别结果。

本案例使用三分类的分类器 softmax，分别用 0、1、2 表示高级别上皮内瘤变、低级别上皮内瘤变和正常。 当输入的一个病理图像数据经过 softmax 输出一个 3×1 的向量时，取该向量中的最大值对应的 index 作为这个输入数据的预测标签，即所属类别。

（3）TensorFlow-Keras 环境。

TensorFlow 是谷歌于 2015 年正式开源的计算框架，可以很好地支持深度学习的各种算法。Keras 是由 Python 语言编写的基于 Theano 与 TensorFlow 的开源人工神经网络库，可以进行深度学习模型的设计、调试、评估、应用和可视化。Keras 具有高度模块化和可扩充性的特点，支持快速实验，能快速地构建和训练深度学习模型，它的后端是 TensorFlow 或 Theano，为其提供更高级的 API。

3．基于 TensorFlow-Keras 环境实现病理图像识别

在准备好数据集和训练模型之后，本节介绍基于深度学习的病理图像识别功能实现。

（1）数据集读取。

建立文件 data_pre.py，完成数据集的读取并以列表的形式返回。该过程的主要操作已经在 11.3.2 一节中介绍，读者可自行尝试编写程序。

（2）进行模型训练。

建立文件 data_train.py，其运行程序如下，以此完成模型训练功能。

```
import keras
import matplotlib.pyplot as plt
from keras.layers import *
from keras.models import *
from keras.optimizers import *
import numpy as np
from sklearn.model_selection import train_test_split
from tensorflow.keras.callbacks import EarlyStopping, ReduceLROnPlateau
import tensorflow as tf from tensorflow.python.keras.preprocessing.image import
ImageDataGenerator
import data_pre
```

数字图像处理与 Python 实现

```
tr_data_dir='datasets/dataset'
x,y=data_pre.__init__(tr_data_dir,mode='training',batch_size=32,shuffle=True)
x =np.array(x)
y =np.array(y)
X_train, X_test, y_train, y_test = train_test_split(x,y,test_size=0.3,
random_state=0)
print(X_train.shape)
def build_model(num_classes=3):
    model = Sequential()
    model.add(Conv2D(3, (3, 3), activation='relu', input_shape=(515, 300, 3)))
    model.add(Conv2D(6, (3, 3), activation='relu'))
    model.add(MaxPooling2D(pool_size=(2, 2)))
    model.add(Conv2D(12, (3, 3), activation='relu'))
    model.add(Conv2D(12, (3, 3), activation='relu'))
    model.add(MaxPooling2D(pool_size=(2, 2)))
    model.add(Conv2D(24, (3, 3), activation='relu'))
    model.add(Conv2D(24, (3, 3), activation='relu'))
    model.add(Flatten())
    model.add(Dense(num_classes, activation='softmax'))
    return (model)
#EarlyStopping 为停止函数,当模型在验证集上开始下降时停止
Early_stopping = EarlyStopping(
    monitor='val_loss',
    patience=10,
    verbose=1
        )
#Reduce Learning Rate 为降低学习率函数，降低学习率观察指标是否能改善，若不能则退出
reduce_lr = ReduceLROnPlateau(
    monitor='val_loss',
    factor=0.1,
    patience=10,
    verbose=1
        )
# 自动保存最佳网络
ckpt = keras.callbacks.ModelCheckpoint(
    filepath='best_model.h5',
    monitor='val_loss', save_best_only=True, verbose=1)
model = build_model()
opt = Adam(0.0001)
```

·198·

```
model.compile(loss=tf.keras.losses.SparseCategoricalCrossentropy(
            from_logits=True),optimizer=opt, metrics=['acc'])
print(model.summary())


#对输入图像进行图像增强（如旋转，水平翻转，截取等），避免过度拟合，有利于提取到更多特征
train_gen = ImageDataGenerator(
    featurewise_center=True,    #使输入数据集去中心化（均值为0）
    #将输入数据除以数据集的标准差以完成标准化，按 feature 执行
    featurewise_std_normalization=True,
    width_shift_range=0.125,    #图片宽度的比例，影响图片水平偏移的幅度
    height_shift_range=0.125,   #图片高度的比例，影响图片竖直偏移的幅度
    horizontal_flip=True        #进行随机水平翻转
        )


test_gen = ImageDataGenerator(
    featurewise_center=True,
    featurewise_std_normalization=True
        )
for data in(train_gen,test_gen):
    data.fit(X_train)
    #通过函数 fit 返回损失函数和其他指标的数值随 epoch 变化的情况，如果有验证集，也包含验证集
的对应指标变化情况
history=model.fit(
    train_gen.flow(X_train, y_train, batch_size=5),
    epochs=100,   # 整数，训练终止时的 epoch 值，训练将在达到该 epoch 值时停止
    steps_per_epoch=X_train.shape[0] // 5,   #表示每个 epoch 所使用的迭代次数
    validation_data=test_gen.flow(X_test, y_test, batch_size=5),
            # 形式为（X，y）的 tuple，是指定的验证集，此参数将覆盖 validation_spilt
    validation_steps=X_test.shape[0] // 5,
        # 仅当 steps_per_epoch 被指定时有用，为验证集上的 step 总数
    callbacks=[early_stopping,reduce_lr] #回调函数
        )
```

（3）重要模型参数设置。

batchsize：小批量梯度下降法（Mini-Batch Gradient Descent）中的重要参数，这里可以将
batchsize 由 20 调为 10、5、1 等，观察每次迭代速度的变化。

（4）结果可视化。

运行如下程序，模型训练结果如图 11.11 所示。

```
plt.plot(history.history['acc'],'bo-',label='acc')
plt.plot(history.history['val_acc'],'gv-',label='val_acc')
plt.plot(history.history['loss'],'mD-',label='loss')
```

```
plt.ylabel('accuracy and loss')
plt.xlabel('epoch')
plt.legend(loc='best')
plt.show()
```

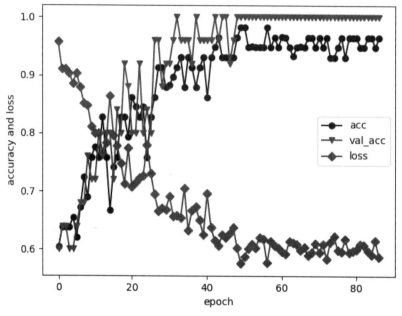

图 11.11　模型训练结果

图 11.11 中，acc 指随着 epoch 变化，训练集上的准确率变化曲线；val_acc 指随着 epoch 变化，验证集上的准确率变化曲线；loss 指在训练集上的损失函数变化曲线；1 个 epoch 是指把全部数据训练一遍。

11.3.4　测试图像分类预测

测试图片选取 High7.jpg，如图 11.12 所示。

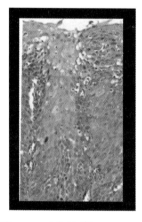

图 11.12　测试图像 High7.jpg

对该图像进行图像分类预测的程序如下。

```
#模型测试函数
def test(net,testimage):
    outputs = net(testimage)
    return outputs


test_data_dir = 'datasets/datasets/test/High7.jpg'
testimage = cv2.imread(test_data_dir)
testimage = testimage.reshape(1,515,300,3)
y_pre = model.predict(testimage)
for i in range(len(y_pre)):
    flag = 0
    maxvalue = 0
    for j in range(len(y_pre[i])):
        if y_pre[i][j]> maxvalue:
            flag=j
            maxvalue=y_pre[i][j]
    if flag==0:
        print('高级别')
    elif flag==1:
        print('低级别')
    else:
        print('正常')
```

运行程序可以得出测试的图片识别结果为"高级别",如图 11.13 所示。

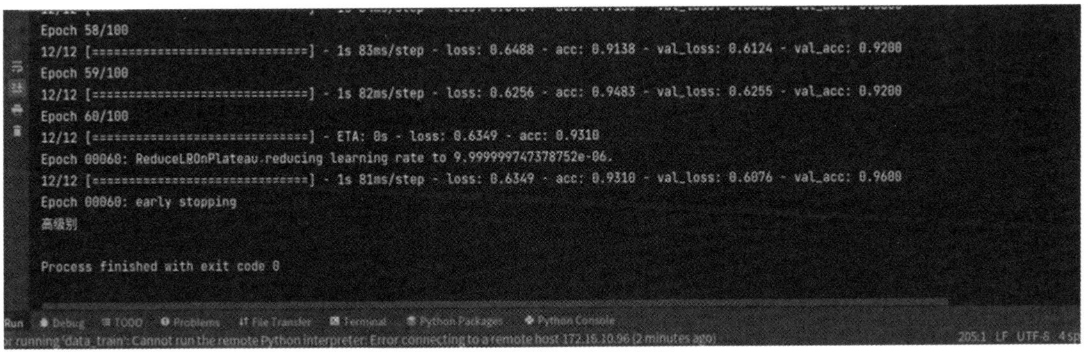

图 11.13　识别结果

11.4　本章小结

本章主要介绍了数字图像处理技术在病理图像诊断识别领域中的应用,首先介绍病理诊断存在的社会背景和发展需求,指出病理检查方法用于癌症诊断的显著优点是确诊率高、误诊率较低且价格不高,是疾病诊断(尤其是肿瘤相关疾病诊断)的金标准。然后,介绍了病理图像处理技术的发展现状尤其是近年来基于深度学习的病理图像技术的发展,指出将人工智能技术在医疗病理诊断领域的应用，可以缓解病理医生严重不足的现状，辅助医生进行病变检测、制定治疗方案，实现疾病的早期筛查，具有重要现实意义。最后，介绍病理图像处理案例的实现，包括图像预处理、模型训练和分类预测等关键步骤。通过本章的介绍，感兴趣的读者可以进行入门级实践，希望读者对数字图像处理技术在病理图像处理领域中的应用有更深入的了解。

习题

1. 试简述人工智能技术应用于病理图像领域的现实意义。
2. 试分析本章病理图像处理案例中包含的基本步骤及其实现的功能。
3. 尝试自行编写程序，实现本案例病理图像的模型训练和测试。

参考文献

[1] 阮秋琦，阮宇智，等. 数字图像处理（第四版）[M]. 北京：电子工业出版社，2020.

[2] 曹茂永. 数字图像处理[M]. 北京：高等教育出版社，2016.

[3] 陈天华. 数字图像处理及应用使用 MATLAB 分析与实现[M]. 北京：清华大学出版社，2019.

[4] 杨帆. 数字图像处理与分析（第四版）[M]. 北京：北京航空航天大学出版社，2019.

[5] 王学军，胡畅霞，韩艳峰. Python 程序设计[M]. 北京：人民邮电出版社，2018.

[6] 刘刚. MATLAB 数字图像处理[M]. 北京：机械工业出版社，2010.

[7] 余成波. 数字图像处理及 MATLAB 实现[M]. 重庆：重庆大学出版社，2003.

[8] 杨丹，赵海滨，龙哲，等. MATLAB 图像处理实例详解[M]. 北京：清华大学出版社，2013.

[9] 谢凤英，赵丹培. Visual C++数字图像处理[M]. 北京：电子工业出版社，2008.

[10] 张铮，倪红霞，等. 精通 Matlab 数字图像处理与识别[M]. 北京：人民邮电出版社，2013.

[11] 王慧琴，王燕妮. 数字图像处理与应用[M]. 北京：人民邮电出版社，2019.

[12] 许录平. 数字图像处理[M]. 北京：科学出版社，2007.

[13] 胡学龙. 数字图像处理（第 4 版）[M]. 北京：电子工业出版社，2020.

[14] 岳亚伟. 数字图像处理与 Python 实现[M]. 北京：人民邮电出版社，2020.

[15] 刘宁. 自动指纹识别系统关键技术[M]. 长春：吉林大学出版社，2015.

[16] 杨瑞琴. 纳米技术与潜指纹显现[M]. 北京：中国人民公安大学出版社，2016.

[17] 王丽娜. 信息隐藏技术与应用[M]. 武汉：武汉大学出版社，2012.

[18] 周琳娜，等. 数字图像内容取证[M]. 北京：高等教育出版社，2011.

[19] 王晓丹，吴崇明. 基于 MATLAB 的系统分析与设计[M]. 西安：西安电子科技大学出版社，2000.

[20] WANG ZHOU，BOVIK A C，SHEIKH H R，et al. Image Quality Assessment：from Error Visibility to Structural Similarity[J]. IEEE Transactions on Image Processing，2004，13（4）：600-612.

[21] VINCENT L，SOILLE P. Watersheds in Digital Spaces：an Efficient Algorithm based on Immersion Simulations[J]. IEEE Transactions on Pattern Analysis and Machine Intelligence，1991，13（6）：583-598.

[22] ITTI L，KOCH C，NIEBUR E. A Model of Saliency-based Visual Attention for Rapid Scene Analysis[M]. IEEE Computer Society，1998.

[23] HOU X，ZHANG L. Saliency Detection：A Spectral Residual Approach[C]// Computer Vision and Pattern Recognition，2007.CVPR '07. IEEE Conference on. IEEE，2007：1-8.

[24] LIU T，ZHENG N，DING W，et al. Video Attention：Learning to Detect a Salient Object Sequence[C]// International Conference on Pattern Recognition. IEEE，2009：1-4.

[25] KRIZHEVSKY A，SUTSKEVER I，HINTON G. ImageNet Classification with Deep Convolutional Neural Networks[J]. Advances in Neural Information Processing Systems，2012，25（2）.

[26] ABADI M. et al. TensorFlow：Large-Scale Machine Learning on Heterogeneous Distributed Systems[J]. arXiv Preprint arXiv：1603. 04467，2016.

[27] SZEGEDY C，LIU W，JIA Y ，et al. Going Deeper with Convolutions[C]. 2015 IEEE Conference on Computer Vision and Pattern Recognition (CVPR). IEEE，2015.

[28] HE K，ZHANG X，REN S，et al. Deep Residual Learning for Image Recognition[C]. IEEE 2016 IEEE Conference on Computer Vision and Pattern Recognition (CVPR) - Las Vegas，NV，USA，2016：770-778.

[29] STEINER D F，MACDONALD R，LIU Y，et al. Impact of Deep Learning Assistance on the Histopathologic Review of Lymph Nodes for Metastatic Breast Cancer[J]. American Journal of Surgical Pathology，2018，42（12）：1636-1646.

[30] ESTEVA A，KUPREL B，NOVOA R A，et al. Corrigendum：Dermatologist-Level Classification of Skin Cancer with Deep Neural Networks[J]. Nature，2017，546（7660）：686.

[31] NICOLAS C，SANTIAGO O P，THEODORE S，et al. Classification and Mutation Prediction from Non-Small Cell Lung Cancer Histopathology Images Using Deep Learning[J]. Nature Medicine，September 2018：1559-1567.

[32] SONG Z，ZOU S，ZHOU W，et al. Clinically Applicable Histopathological Diagnosis System for Gastric Cancer Detection Using Deep Learning[J]. Nature Communications，2020，11：4294.